# 轻钢房屋：
## 设计·制造·施工

许世华 主编

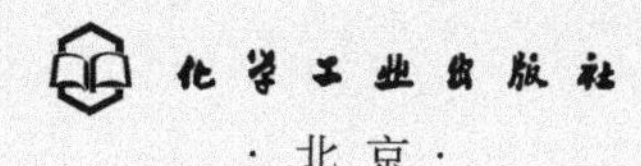


·北京·

## 内容简介

本书全面系统地介绍了国内外轻钢房屋的发展概况、主流结构体系和发展趋势，并介绍了轻钢房屋的设计、制造、施工等基本知识。此外还以一个典型的轻钢别墅为案例，介绍了建房手续办理、户型设计、结构设计、室内外环境设计、生产制造、施工和质量验收等一整套轻钢房屋的完整建造流程，从而让读者对轻钢房屋的建造有更直观的了解。本书在编写过程中，注重理论知识与实际案例的结合，具有较强的实践指导价值。

本书既可以供装配式钢结构建筑设计、装配式部品部件设计、室内设计、园林景观设计等专业领域的设计师、学者作为研究参考；也可作为高等院校的建筑设计、环境艺术设计等专业教学用书；还可作为建筑装饰材料，装配式部品部件等生产、施工企业的参考资料；此外也可成为对轻钢房屋感兴趣的普通读者的科学普及性图书。

**图书在版编目（CIP）数据**

轻钢房屋：设计·制造·施工/许世华主编. —北京：化学工业出版社，2021.7

ISBN 978-7-122-39150-6

Ⅰ.①轻… Ⅱ.①许… Ⅲ.①轻型钢结构-房屋结构 Ⅳ.①TU22

中国版本图书馆 CIP 数据核字（2021）第 092206 号

责任编辑：彭明兰　　　　装帧设计：刘丽华
责任校对：王　静

出版发行：化学工业出版社（北京市东城区青年湖南街 13 号　邮政编码 100011）
印　　装：天津盛通数码科技有限公司
710mm×1000mm　1/16　印张 11　字数 220 千字　2021 年 9 月北京第 1 版第 1 次印刷

购书咨询：010-64518888　　　　售后服务：010-64518899
网　　址：http://www.cip.com.cn
凡购买本书，如有缺损质量问题，本社销售中心负责调换。

**定　　价：68.00 元**

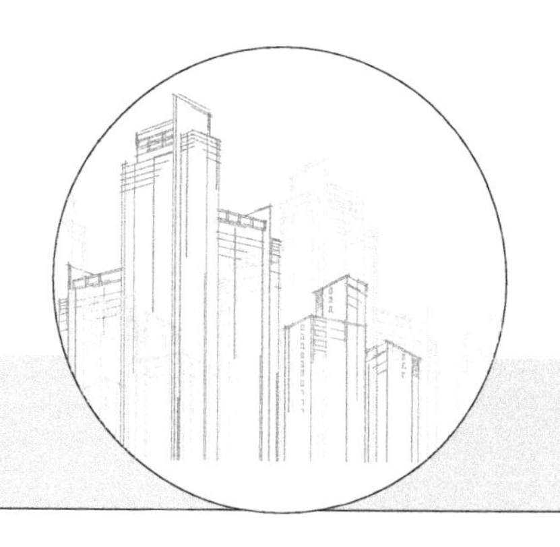

# 编写人员名单


主　　编：许世华

副 主 编：李　靖　任智勇　张　超

参编人员：龚礼和　陈振益　何　军　朱　干　马长城

联合策划：五邑大学

南京旭华圣洛迪新型建材有限公司

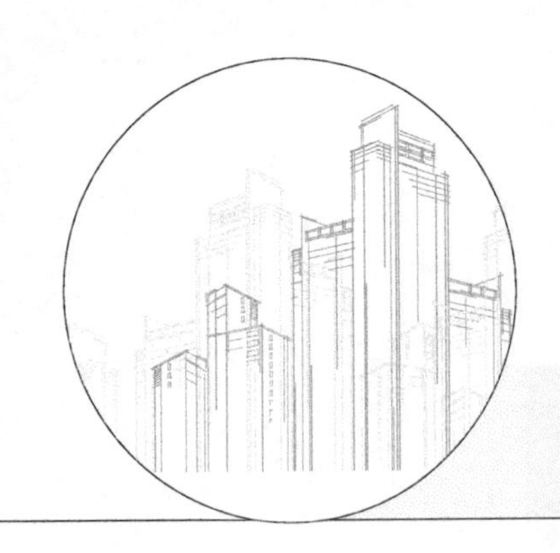

# 前言

近几年，随着经济的快速发展和生活水平的不断提高，人们对改善型住房需求大幅增加。许多人在农村拥有宅基地，希望新建或改建农村住房。借助于新媒体的传播力，一种具有施工周期短、价格适中、绿色环保、抗震性能好等优点的新型轻钢房屋正被越来越多的人所认识和接受，从而在农村掀起一股建设轻钢房屋的热潮。轻钢房屋在中国相对来说还是一个新生事物，相关的专业书籍较少，尤其具有科普性质的书籍严重缺乏，这导致相关从业人员、普通消费者很难获得全面的相关专业知识。基于以上原因，我们收集大量资料并编写了本书，为行业知识的普及做出些许努力和尝试。

本书共分为五章。第 1 章介绍了轻钢房屋的定义、特点、国内外发展概况、房屋结构体系、发展趋势，目的是为了让读者对轻钢房屋有一个整体的认识。第 2 章介绍了轻钢房屋的结构设计和轻钢结构设计专业软件 Vertex BD，内容主要是关于轻钢龙骨的设计理论和简单的软件实操，可作为普通和专业读者的入门级培训和教学参考。第 3 章介绍了轻钢房屋常见材料的生产制造，包括生产工艺、技术质量要求等。常见材料包括轻钢龙骨、结构面板、围护材料、屋面材料、保温隔热隔声材料、其他辅助配件等。此外还详细介绍了重要且用量较多的轻钢龙骨和木塑复合材料的生产制造相关内容，从而可为设计师、营销人员、采购人员和广大的消费者选择合适的材料提供参考依据，也对材料制造企业的技术人员、生产人员、品控人员提出了技术质量要求。第 4 章介绍了轻钢房屋的施工规范，包括基础、墙体、楼面、楼梯、屋面、吊顶、门窗、卫生间、露台和户外设施等。各部分重点介绍了施工工艺、注意事项和技术要求，可作为设计师、施工人员、监理等的参考资料。第 5 章以一个真实样板房为案例，介绍了前期各种建房手续办理、项目的户型，结构和室内外环境设计，以及生产制造、施工和质量验收等一套轻钢房屋完整的建造流程，从而让读者对轻钢房屋的建造有更进一步的了解，对轻钢房屋呈现的整体效果具有更直观的认知。

本书在编写过程得到了许多人的帮助。首先要感谢全体编写人员的辛勤付出，每个人都有繁重的工作要做，还要承担照顾家庭的责任，但大家依然排除万难，抽出宝贵的时间坚持完成编写工作。其次要感谢南京旭华圣洛迪新型建材有限公司的李靖董事长对本书策划的认可和资助，感谢何军技术总监、龚礼和院长、马长城经理和朱干经理毫无保留地提供相应的技术资料和专业素材。最后感谢所有为此书做出过贡献的亲人、老师、学生、朋友及出版社的工作人员。

由于编者水平有限，加之轻钢房屋的大规模产业化应用时间较短，收集资料有限，时间仓促，且行业还在不断发展变化中，书中难免有不足之处，敬请专家、同行和广大读者批评指正。

**许世华**

**2021 年 4 月**

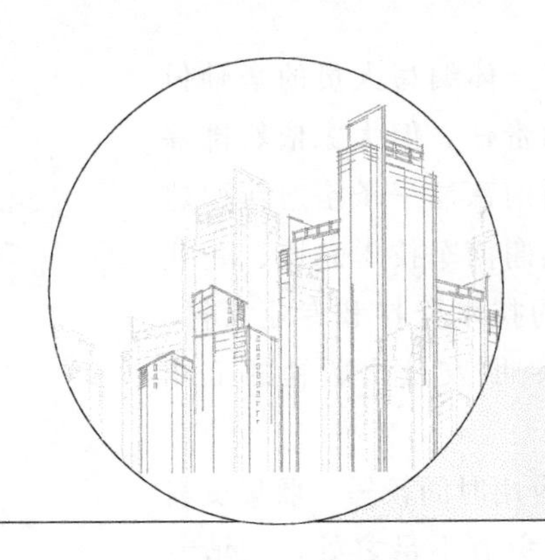

# 目录

# 概　论

## 1.1　轻钢房屋的定义

根据国家标准的定义，装配式建筑是指结构系统、外围护系统、设备与管线系统、内装系统的主要部分采用预制部品部件集成的建筑。按照主体结构不同，装配式建筑主要分为装配式混凝土建筑、装配式钢结构建筑和装配式木结构建筑。

轻钢房屋（Fabricated Light Steel Building）属于装配式钢结构建筑，以轻钢为主要结构构件，轻质结构板材为围护体系，配以保温、隔声、防潮、装饰等功能层，共同组成的房屋体系。钢结构分为轻钢和重钢两种结构，主要以钢板厚度作区分。在型钢制造工艺上又分为冷处理成型（冷钢）和热处理成型（热钢）两种。轻钢房屋中使用的轻钢一般指厚度不超过 2mm 的冷弯薄壁型钢。

与其他建筑相比，轻钢房屋具有如下一些特点。

（1）自重轻

轻钢房屋由于使用冷弯薄壁型钢，壁薄自重轻，每平方米建筑面积用钢量一般为 30～35kg，且轻钢房屋的整体自重为相同建筑面积的钢筋混凝土结构房屋的 1/10～1/6。自重轻不仅可以减少资源消耗，还可以降低基础造价，尤其在地基条件不太好的地区更为明显。

（2）抗震优

钢材相比混凝上、砖石等材料具有较高的韧性和塑性，强度很高。轻钢结构由于良好的塑性，不会因超载而突然断裂，较高的韧性使得轻钢结构对动载荷具有很强的适应性。优异的吸能能力和延展性使得轻钢结构具有优越的抗震性能，在地震多发地区可大大降低地震冲击波对房屋的破坏，保障人民生命财产安全。

（3）可循环

轻钢房屋各结构、材料之间通过螺钉、螺栓等连接，无需使用焊接、胶黏剂，内外装修也基本采用干法施工。由于使用了钢结构、高分子建材、生物质建材等大量绿色环保材料，房屋达到使用寿命需要拆除时，大部分材料可回收再利用，还有部分生物质建材可在环境中自然降解，从而避免了混凝土、砖石等建筑垃圾由于很难回收利用而污染环境。

（4）周期短

轻钢结构、蒙皮结构板材、各种装饰材料等均可在车间按照设计图纸进行加工，将所有材料统一运输到工地后，在现场只需按图纸进行拼接和装配，施工时间很短，短则两周，长则一月，且轻钢房屋采用干法施工安装，较少受气候和季节的影响，可连续施工。

（5）省人工

轻钢房屋使用的材料在工厂已经制备完成，只需在现场组装即可。建设相同面积的房屋，轻钢结构所需的工人时间和成本远低于钢筋混凝土结构。此外由于主要采用螺钉安装房屋，因此对安装工人的技术要求不高，这有别于建造钢筋混凝土房屋时需要大量的专业技术工人。在当今建筑和装修过程中的人工成本越来越高的背景下，轻钢房屋的综合造价将具有比较显著的优势。

## 1.2 轻钢房屋发展概况

（1）国外轻钢房屋发展概况

20世纪30年代美国汽车厂商制造了汽车房屋，主要用于野营，属于最早的轻钢房屋。40年代随着第二次世界大战的结束，移民大量涌入美国，以及出现军人复员高峰，美国对可快速装配住房的需求大量增加，市场上出现了一些外观和传统住宅相近，底部配有滑轨可用汽车托运的轻钢房屋。50年代在汽车房屋的基础上研发了居住用可移动房屋，开启了产业化住宅新时代。美国住宅产业化重点发展轻钢结构住宅，1965年轻钢结构住宅仅占住宅产业化市场的15%，1990年上升到53%，1993年则上升到68%，到2000年生产了20万栋，约占75%，别墅和多层民用住宅多采用轻钢结构。

20世纪70年代澳大利亚的BHP公司成功开发了基于镀铝锌的冷弯薄壁C型钢的建筑系统，墙体框架和屋顶桁架系统在工厂内预先制备，所有组件运到项目现场，再用螺栓连接而成。2000年BHP公司开发了SMARTRUSS桁架系统，该系统从设计、生产、预制、安装的全过程均采用CAD-CAM系统，设计生产效率大为提高，进一步促进了轻钢房屋在澳大利亚的发展。

日本是一个地震、台风等自然灾害发生较为频繁的国家，住宅以独栋为主，多、高层公寓为辅。1959年大和房屋公司利用轻钢结构建造了第一栋装配式房屋，受到了市场的追捧。20世纪60年代末日本通商产业省提出了住宅产业化的概念，70年代日本政府推行“住宅部品认证制度”，从而确保住宅的质量。80年代日本处于泡沫经济时代，每年新建大量住房，到1987年达到顶峰约172万户。之后随着经济泡沫的破灭，日本新建住宅逐年减少，到2015年只有约92万户。在新建住宅中，装配式住宅占比由1979年的9.3%增加到2015年的15.8%。日本的装配式住宅主要分为木结构、预应力混凝土（PC）结构和钢结构，其中钢结构住宅约占装配式住宅的87%。日本装配式住宅独创一种新的体验式营销模式，即“像卖汽车一样的卖房子”。不同的企业将自己开发的住宅产品建在同一地区的住宅公园中，可供消费者参观体验、询价对比。当消费者选择某公司的住宅时，该公司根据客户的功能需求和建设用地大小等，对设计进行相应调整，然后在工厂制作完成后运到现场安装。

（2）我国轻钢房屋发展概况

我国轻钢结构住宅起步较晚，从1978年开始，我国先后从日本、澳大利亚、加拿大等发达国家引进一些轻钢结构房屋。在引进国外先进技术的基础上，我国的钢结构企业不断加大研发力度，开发适合我国的轻钢房屋体系。2002年北新房屋有限公司和日本的三菱、新日本制铁公司（新日铁）、丰田住宅共同合作，建成了我国第一幢薄板钢骨结构住宅。同年我国颁布了《冷弯薄壁型钢结构技术规范》（GB 50018—2002），这标志着我国壁厚小于2mm的冷弯薄壁型钢住宅的建设有法可依。2011年和2018年住房和城乡建设部分别颁布了《低层冷弯薄壁型钢房屋建筑技术规范》（JGJ 227—2011）和《冷弯薄壁型钢多层住宅技术标准》（JGJ/T 421—2018），我国的轻钢房屋标准体系不断得到完善。

2018年之前，轻钢结构房屋在我国发展缓慢，多为政府层面的住宅项目，普通老百姓对此知之甚少。2018年部分善于营销的企业借助媒体推广轻钢房屋，使得轻钢结构房屋迅速进入普通老百姓的视野。大量资本和企业进入轻钢房屋行业，从而迎来了一波发展热潮。2019年住房和城乡建设部办公厅许可河南、湖南、山东、四川、浙江、江西六省开展钢结构装配式住宅建设试点，引导广大农民采用低层冷弯薄壁型钢结构、轻型钢框架结构等体系。无论是政策扶持和引导，还是产业和资本的强势推动，都表明了轻钢结构房屋在我国广大农村地区将大有可为。

## 1.3 轻钢房屋结构体系

(1) 美国轻钢房屋结构体系

美国轻钢房屋结构主要有两个体系：冷弯薄壁型钢（CTLS）体系和 DBS 结构体系。

CTLS 体系常用于建造 2～3 层低层住宅，采用的钢材为 Q235 钢或 Q345 钢，一般钢板厚度为 0.45～2.50mm。钢板表面需要镀锌处理，承重构件的镀锌量不低于 185g/m$^2$，非承重构件不小于 125g/m$^2$。

DBS 结构体系是美国 Dietrich 公司研发的多层轻钢结构体系，一般用来建造 4～6 层的住宅、老年公寓和多层旅馆等，而在非地震地区甚至可建造最高 12 层的轻钢住宅。该住宅体系一般采用美国住宅常用的尺度，开间为 4.88m，每层净高为 2.44m。墙柱采用 C 型镀锌轻钢龙骨，钢板厚度常为 0.84～2.00mm，龙骨截面高为 100mm，间距为 610mm。DBS 结构体系的墙体在轻钢两侧安装石膏板，当墙体为剪力墙时，还需要在石膏板和轻钢龙骨之间加一层镀锌钢板。楼盖系统可由 C 型轻钢楼盖梁和轻质板材组成，楼盖梁截面高度 150～250mm，间距为 610mm。常用的轻质板材包括纤维水泥板、定向刨花板（OSB 板）、胶合板以及在满铺的压型钢板上浇筑 20mm 的陶粒轻骨料混凝土。墙体龙骨和楼盖梁每隔一定距离开孔，方便水电等管线布置。楼盖梁的开孔直径可达截面高度的 80%，为防止截面削弱处发生局部失稳现象，开孔周边做了变形处理。

(2) 澳大利亚轻钢结构体系

澳大利亚冷弯薄壁轻钢房屋采用高强度和高防腐的钢板，其屈服强度约为 550MPa，表面镀铝锌含量为 270g/m$^2$，钢板厚度一般不超过 1.5mm。与其他采用 Q235 或 Q345 钢材的结构体系相比，由于钢板强度高，在同样的载荷条件下，房屋钢材厚度可以更薄，整体用钢量更少。该体系属于受力蒙皮结构，故在钢结构两侧安装结构面板。外墙的外侧板常采用纤维水泥板或蒸压加气混凝土板（ALC 板），内侧板采用石膏板，内墙都采用石膏板或 ALC 板。楼板采用 OSB 板或 ALC 板。在钢结构中间需要填充玻璃纤维棉，用来保温隔热。

竖向构件采用密排柱形式，最大柱中距为 600mm。屋面采用桁条网（网格尺寸 600mm×600mm），楼面采用桁架梁，最大中距 1200mm。外墙厚度一般为 90mm，转角处多采用 K 型支撑。

（3）日本轻钢结构体系

日本轻钢房屋生产企业有积水住宅、大和房屋、丰田住宅、松下住宅、新日铁株式会社、旭化成住宅等，每家企业的房屋结构都有其自身特点。

积水住宅采用小断面C型钢墙框架＋H型钢梁的结构体系。C型钢断面尺寸较小，由C型钢组成的矩形框架对角线处设置斜拉钢筋，相邻的框架C型钢背对背，共同构成类似“束柱”的结构。小断面C型钢组合束柱连接节点较多，制造和施工较为复杂，不过由于柱尺寸较小，墙体厚度较小，传热量会减小，“冷热桥”现象处理较容易。外墙板采用ALC板材或纤维水泥板，通过金属卡件将其固定在框架柱上，外墙板与钢结构之间为空气层，能及时排除墙体内的湿气。

松下住宅的典型结构是方管钢柱和H型钢梁组合。方管钢柱各向等强，抗扭刚度大，承载能力强，因此该结构组合相对用钢量较少。但是方管钢柱是封闭型截面，无法采用高强度螺母-螺栓连接，所以就采用在内部加衬板，或是外部加衬板，甚至需要焊上一个辅助节点的办法来解决连接强度问题。

新日铁株式会社的KC住宅采用冷弯薄壁型钢和结构板材形成的抗剪墙体体系。竖向墙体被各层楼板隔开，需要通过贯通楼板的抗拔锚栓将上下层墙板连接成整体。结构板材一般采用OSB板、纤维水泥板等。

丰田住宅的房屋采用立方单元系统，以钢结构框架为主，在美国的2×4木结构体系基础上发展起来的。房屋分成多个立方体，各种部品部件、设备等在工厂流水线上被逐个安装到对应的立方单元内，再将立方单元运输到建筑现场，逐个吊装固定，完成房屋建造。这种房屋由于结构、内外装修均在工厂完成，是目前工业化生产率最高的结构体系。

（4）中国的轻钢结构体系

中国的轻钢房屋采用Q235、Q345或LQ550级别的冷弯薄壁型钢，承重构件的钢材壁厚不应小于0.6mm，主要承重构件的壁厚不应小于0.75mm，常用的结构面板为OSB板、纤维水泥板、石膏板、压型钢板等。结构体系主要由轻钢龙骨、结构面板、保温材料、内外墙板等组成。许多企业使用纤维水泥板、金属雕花板、聚氯乙烯（PVC）挂板等作为外墙板，也有企业采用绿色环保、可循环、高性能的生物质复合墙板，从而提高了绿色建材在轻钢房屋中的应用比例。

## 1.4 轻钢房屋发展趋势

（1）房屋由低层转向多层

目前在我国技术比较成熟、市场应用较广的是农村低层轻钢房屋，采用的标准为《低层冷弯薄壁型钢房屋建筑技术规程》(JGJ 227—2011)，适用于以冷弯薄壁型钢为主要承重构件，层数不大于3层，檐口高度不大于12m的房屋。尽管农村别墅市场潜力很大，但受制于国家的宅基地土地政策，拥有自己宅基地的人口远比不上城市人口。城镇化快速推进需要建设更多的住宅，由于城镇土地昂贵，一般需要开发多层或高层住宅，因此只有轻钢房屋应用于多层住宅的体系中，才能和混凝土结构房屋相竞争。除了我国之外，大量一带一路沿线国家的基础建设较弱，有较大的基建升级需求，而我国制造业发达，可将轻钢住宅以工业产品形式出口到相关国家和地区，将会形成巨大的产业体量。北美的多层轻钢住宅应用较为广泛，技术成熟，而国内的多层轻钢住宅才刚刚起步，需要积累设计、制造、安装的经验。我国的轻钢多层住宅标准于2018年颁布，为《冷弯薄壁型钢多层住宅技术标准》(JGJ/T 421—2018)，适用于4～6层及檐口高度不大于20m的房屋。总之，只有将轻钢房屋由低层延伸到中高层住宅，轻钢房屋体系才能在建筑市场占有重要的地位，进而形成巨大的产业体系。

(2) 近零能耗

未来轻钢房屋可通过被动式建筑设计最大幅度降低建筑照明、供暖、空调等需求，通过主动技术措施最大幅度提高能源设备与系统效率，充分利用可再生能源，以最少的能源消耗提供舒适的室内环境，使得一年四季室内温度为20～26℃，相对湿度为30%～60%，成为一种近零能耗的建筑。具体的措施有很多，比如使用优异的保温隔热材料；三玻两腔的被动式门窗；采用可减少钢柱热桥影响的结构设计；确保房屋整体的气密性；使用高效热回收率的新风机组，将室内废气中的冷热能量回收利用；屋顶采用太阳能发电，一部分电能供房屋日常使用，其余电能并网销售等。

(3) 全装配

轻钢房屋的装配率很高，从而具有施工快速、缩短工期、质量可控、节省人工等优势。若想进一步扩大其优势，则需要不断提高装配率，尽可能做到全装配。房子需要有坚实的基础，一般是在现场用钢筋混凝土进行湿作业施工，这个步骤较难取代，故不在轻钢房屋全装配的讨论范畴。

目前在轻钢房屋的结构施工中需要湿作业的地方主要是楼板和露台，可通过在附近的混凝土构件工厂购买相关构件来取代湿作业或减少湿作业。一方面轻钢楼板桁架的间距要和混凝土构件的模数相匹配；另一方面轻钢房屋设计的时候尽可能做到空间尺寸的标准化，可减少混凝土构件种类，提高构件厂的规模效应。

在装修过程中需要湿作业的地方主要是墙体、地面、卫生间等，可通过新材料、新工艺进行装修方式改革。比如装配式木塑集成墙板可取代传统墙体装修使用的涂料、墙纸等；地面可采用木质类地板、石塑地板（SPC地板）等取代瓷砖，无需水泥施工；卫生间可采用SMC（SMC是一种复合材料）卫浴、GRP

（GRP 是玻璃纤维增强热固性树脂，一种玻璃钢）卫浴、铝蜂窝复合瓷砖卫浴等，在工厂完成卫浴部品部件的生产制备，再运输到装修现场直接组装。

（4）绿色无毒

随着生活水平的提高，人们对健康越来越重视。通过媒体的广泛传播，甲醛这种联合国公认的致癌物质的危害性已经深入人心，甚至“谈醛色变”。房屋中的甲醛主要来源于定制衣柜、橱柜、书柜、强化地板、装饰夹板等，这些产品的基材主要是刨花板、纤维板、胶合板等人造板，在人造板制造过程中往往使用含甲醛的脲醛胶。尽管市场上有一些去除甲醛的产品，但由于人造板中的甲醛释放是一个持续过程，释放周期长达数十年，因此这些去除甲醛的产品属于“治标不治本”。技术的发展使得现在的人造板生产企业可以选择其他不含甲醛的胶黏剂，如异氰酸酯类胶、大豆胶等环保胶黏剂，这些产品的性能达到国家标准要求，只是成本高于含甲醛的产品，因此价格因素是环保板材能否快速取代传统人造板的重要因素。另外其他绿色无醛材料也逐步应用到家装领域，比如木塑集成墙板、全铝定制家具、石塑地板等。

很多木制品表面涂有油性漆，如硝基漆、聚酯漆等。油性漆中一般含有苯、二甲苯等有毒溶剂，具有较刺激的气味。水性漆则是以水为稀释溶剂，无毒无味，比较环保，可用来代替油性漆。此外，对于涂料中汞、铅、铬和镉的重金属含量都有极为严格的限量要求，重金属可能通过接触等方式被人体吸收，尤其儿童喜欢触摸产品表面并放入嘴中，一旦人体中重金属含量超标，会对人的神经系统、泌尿系统、消化系统、呼吸系统、内分泌系统等造成极大的伤害，严重者可能导致死亡。

轻钢房屋从设计开始就需要选择绿色无毒的环保材料，内外装修时至少选择符合国家标准的产品，当有足够预算时，可选择无毒产品，从源头上杜绝装修污染。

（5）组装快速

目前轻钢房屋主要采取在工厂制造轻钢龙骨，采购各种部品部件，通过物流运输到工地，在现场施工的制造安装方式。虽然轻钢房屋施工周期比混凝土建筑要缩短很多，但由于要在现场将每片龙骨组装起来，再安装各种部品部件，仍然需要花费不少时间，一般施工周期 15～30d。如何缩短施工周期和降低安装难度将成为轻钢房屋企业的核心竞争力，可通过借鉴国际优秀企业的成功案例进行技术创新。例如日本的丰田住宅公司在工厂将每个房间进行组装，再运输到工地现场，利用吊机等各种设备将各个房间组装起来形成一个整体房屋。由于大部分组装工作在工厂实现，可大大缩短施工周期，并且施工难度很低，保证了安装质量。

# 轻钢房屋设计

轻钢房屋的设计主要包括轻钢结构设计、室内装饰设计和室外景观设计三部分，其中最重要的是轻钢结构设计。市面上有大量关于室内装饰设计和室外景观设计的书籍资料，在此不做赘述。本章重点介绍轻钢结构设计和常见设计软件相关知识。轻钢结构设计主要包括轻钢结构设计原则、水平荷载效应分析、各种构件结构设计等。目前轻钢结构设计的专业软件主要有 Vertex BD 和 Framecad，本书仅以 Vertex BD 软件为例，简单介绍其常规的操作步骤，以便让读者对轻钢房屋的设计有一个初步的认知。

## 2.1 结构设计

### 2.1.1 结构设计原则

冷弯薄壁型钢房屋的竖向荷载应由承重墙的立柱独立承担，水平风荷载和水平地震作用应由抗剪墙体承担。在设计计算过程中，可在建筑结构的两个主轴方向分别计算水平荷载的作用，每个水平方向的水平荷载应由该方向抗剪墙体承担，可根据其抗剪刚度（表 2-1）大小，按比例分配，并应考虑门窗洞口对墙体抗剪刚度的削弱作用。各墙体承担的水平剪力可按下式计算：

$$V_j=\frac{\alpha_j K_j L_j}{\sum_{i=1}^{n}\alpha_i K_i L_i}V \tag{2-1}$$

式中　$V_j$——第 $j$ 面抗剪墙体承担的水平剪力；

$V$——由水平风荷载或多遇地震作用产生的 $x$ 方向或 $y$ 方向总水平剪力；

$\alpha_i$ ,$\alpha_j$——第 $i$，$j$ 面抗剪墙体门窗洞口刚度折减系数；

$K_i$ ,$K_j$——第 $i$，$j$ 面抗剪墙体单位长度的抗剪刚度；

$L_i$ ,$L_j$——第 $i$，$j$ 面抗剪墙体的长度；

$n$——$x$ 方向或 $y$ 方向抗剪墙数。

**表 2-1　抗剪墙体的抗剪刚度 $K$**

| 立柱材料 | 结构面板材料(厚度) | $K$/[kN/(m·rad)] |
|---|---|---|
| Q235 级和 Q345 级钢 | OSB 板(9mm) | 2000 |
|  | 纸面石膏板(12mm) | 800 |
| LQ550 级钢 | OSB 板(9mm) | 1450 |
|  | 纸面石膏板(12mm) | 800 |
|  | 纤维水泥板(8mm) | 1100 |
|  | LQ550 波纹钢板(0.42mm) | 2000 |

注：1. 墙体立柱卷边槽形截面高度对 Q235 级和 Q345 级钢应不小于 89mm。对 LQ550 级钢立柱截面高度不应小于 75mm，间距应不大于 600mm。墙体面板的钉距在周边不应大于 150mm，内部应不大于 300mm。

2. 表中所列数值均为单面板组合墙体的抗剪刚度值。两面设置结构面板时取相应两值之和。

3. 当采用其他结构面板时，抗剪刚度应由相关试验确定。

构件应按下列规定进行验算：

① 墙体立柱应按压弯构件验算其强度、稳定性及刚度；

② 屋架构件应按屋面荷载效应验算其强度、稳定性及刚度；

③ 楼面梁应按承受楼面竖向荷载的受弯构件验算其强度和刚度。

## 2.1.2　水平荷载效应分析

在计算水平地震作用时，阻尼比可取 0.03，结构基本自振周期可按下式计算：

$$T=0.02H\sim0.03H \tag{2-2}$$

式中　$T$——结构基本自振周期；

$H$——基础顶面到建筑物最高点的高度。

水平地震作用效应的计算可采用底部剪力法，即根据地震反应谱理论，与工程结构底部的总地震剪力和等效单质点的水平地震作用相等的原则，来确定结构总地震作用。作用在抗剪墙体单位长度上的水平剪力应按下式计算：

$$S_j=\frac{V_j}{L_j} \tag{2-3}$$

式中 $S_j$——作用在第 $j$ 面抗剪墙体单位长度上的水平剪力。

在水平荷载作用下抗剪墙体的层间位移与层高之比可按下式计算：

$$\frac{\Delta}{H}=\frac{V_{\mathrm{k}}}{\sum_{j=1}^{n}\alpha_j K_j L_j} \tag{2-4}$$

式中 $\Delta$——风荷载标准值或多遇地震作用标准值产生的楼层内最大的弹性层间位移；

$H$——房屋楼层高度；

$V_{\mathrm{k}}$——风荷载标准值或多遇地震标准值作用下楼层的总剪力。

### 2.1.3 构件结构设计

(1) 轴心受力构件承载力设计

轴心受拉构件和受压构件的强度应按《冷弯薄壁型钢结构技术规范》(GB 50018—2002) 的规定进行计算。对于开口截面构件，稳定性的计算设计是最重要的部分，应按 GB 50018—2002 的规定计算，出现下列情况之一时，可不考虑畸变屈曲对承载力的影响。

① 构件受压翼缘有可靠的限制畸变屈曲变形的约束。

② 构件长度小于构件畸变屈曲半波长 ($\lambda$)，畸变屈曲半波长可按下式计算。

对轴压卷边槽形截面：

$$\lambda=4.8\left(\frac{I_x hb^2}{t^3}\right)^{0.25} \tag{2-5}$$

对受弯卷边槽形和 Z 形截面：

$$\lambda=4.8\left(\frac{I_x hb^2}{2t^3}\right)^{0.25} \tag{2-6}$$

$$I_x=\frac{a^3 t\left(1+\frac{4b}{a}\right)}{12\left(1+\frac{b}{a}\right)} \tag{2-7}$$

式中　$I_x$——绕 $x$ 轴毛截面惯性矩；

$h$——腹板高度；

$b$——翼缘宽度；

$t$——壁厚；

$a$——卷边高度。

③ 构件截面采取了其他有效抑制畸变屈曲发生的措施。

不符合上述情况的构件，应考虑畸变屈曲的影响，可按下式计算：

$$N \leqslant A_{cd} f \tag{2-8}$$

$$\lambda_{cd} = \sqrt{\frac{f_y}{\sigma_{cd}}} \tag{2-9}$$

当 $\lambda_{cd} < 1.414$ 时：

$$A_{cd} = A(1 - \lambda_{cd}^2/4) \tag{2-10}$$

当 $1.414 \leqslant \lambda_{cd} \leqslant 3.6$ 时：

$$A_{cd} = A[0.055(\lambda_{cd} - 3.6)^2 + 0.237] \tag{2-11}$$

式中　$N$——轴压力；

$A_{cd}$——畸变屈曲时有效截面面积；

$f$——钢材抗压强度设计值；

$\lambda_{cd}$——确定 $A_{cd}$ 用的无量纲长细比；

$f_y$——钢材屈服强度；

$\sigma_{cd}$——轴压畸变屈曲应力；

$A$——毛截面面积。

(2) 受弯构件承载力设计

卷边槽形截面绕对称轴受弯时，除应按 GB 50018—2002 的规定计算外，还应考虑畸变屈曲的影响，可按下式计算：

当 $k_\phi \geqslant 0$ 时，
$$M \leqslant M_d \tag{2-12}$$

当 $k_\phi < 0$ 时，
$$M \leqslant \frac{W_e}{W} M_d \tag{2-13}$$

式中　$k_\phi$——抗弯刚度系数；

$M$——弯矩；

$W_e$——有效截面模量；

$W$——截面模量；

$M_d$——畸变屈曲受弯承载力设计值。

$M_d$ 可按下列规定计算。

① 当畸变屈曲的模态为卷边槽形和Z形截面的翼缘绕翼缘与腹板的交线转动时，$M_d$ 应按下式计算：

$$\lambda_{md}=\sqrt{\frac{f_y}{\sigma_{md}}} \tag{2-14}$$

当 $\lambda_{md}\leqslant 0.673$ 时，
$$M_d=Wf \tag{2-15}$$

当 $\lambda_{md}>0.673$ 时，
$$M_d=\frac{Wf}{\lambda_{md}}\left(1-\frac{0.22}{\lambda_{md}}\right) \tag{2-16}$$

式中 $\sigma_{md}$——受弯时的畸变屈曲应力。

② 当畸变屈曲的模态为竖直腹板横向弯曲且受压翼缘发生横向位移时，$M_d$ 应按下式计算：

当 $\lambda_{md}<1.414$ 时，
$$M_d=Wf\left(1-\frac{\lambda_{md}^2}{4}\right) \tag{2-17}$$

当 $\lambda_{md}\geqslant 1.414$ 时，
$$M_d=Wf\frac{1}{\lambda_{md}^2} \tag{2-18}$$

式中 $\lambda_{md}$——确定 $M_d$ 用的无量纲长细比。

(3) 压弯构件承载力设计

压弯构件的强度和稳定性应按GB 50018—2002规定计算，当需要考虑畸变屈曲影响时，可按下式计算：

$$\frac{N}{N_j}+\frac{\beta_m M}{M_j}\leqslant 1.0 \tag{2-19}$$

$$N_j=\min(N_c,N_A) \tag{2-20}$$

$$M_j=\min(M_c,M_A) \tag{2-21}$$

$$N_C=\varphi A_e f \tag{2-22}$$

$$M_C=\left(1-\frac{N}{N_E'}\varphi\right)W_e f \tag{2-23}$$

$$N_A=A_{cd}f \tag{2-24}$$

$$M_A=\left(1-\frac{N}{N_E'}\varphi\right)M_d \tag{2-25}$$

$$N'_{E}=\frac{\pi^{2}EA}{1.165\lambda^{2}} \tag{2-26}$$

$$b_{es}=b_{e}-0.1t(b/t-60) \tag{2-27}$$

式中 $\beta_m$——等效弯矩系数；

$N_c$——整体失稳时轴压承载力设计值；

$N_A$——畸变屈曲时轴压承载力设计值；

$M_c$——考虑轴力影响的整体失稳受弯承载力设计值；

$M_A$——考虑轴力影响的畸变屈曲受弯承载力设计值；

$\varphi$——轴心受压构件的稳定系数；

$A_e$——有效截面面积；

$A_{cd}$——畸变屈曲时的有效截面面积；

$M_d$——畸变屈曲受弯承载力设计值；

$b_{es}$——折减后的板件有效宽度。

(4) 连接设计

连接计算和构造应符合 GB 50018—2002 螺钉连接计算的规定。连接 LQ550 级板材且螺钉连接受剪时，应按下式对螺钉单剪抗剪承载力进行验算：

$$N_v^f \leqslant 0.8A_e f_v^s \tag{2-28}$$

式中 $N_v^f$——一个螺钉的抗剪承载力设计值；

$A_e$——螺钉螺纹处有效截面面积；

$f_v^s$——螺钉材料抗剪强度设计值。

对于多个螺钉连接的承载力还应乘以折减系数，折减系数按如下计算：

$$\xi=\left(0.535+\frac{0.465}{\sqrt{n}}\right)\leqslant 1.0 \tag{2-29}$$

式中 $n$——螺钉个数。

## 2.2 设计软件

本书以 Vertex BD 设计软件为例，简单介绍轻钢结构设计的步骤。

### 2.2.1 创建新项目

打开 Vertex BD 软件，创建新项目，插入 dwg 参考图纸，并设置项目参数、编辑 3D 级别和网格等。在项目参数对话框中输入墙体面板分隔和立柱的参数，常见的立柱间距为 406mm 和 600mm（图 2-1）。

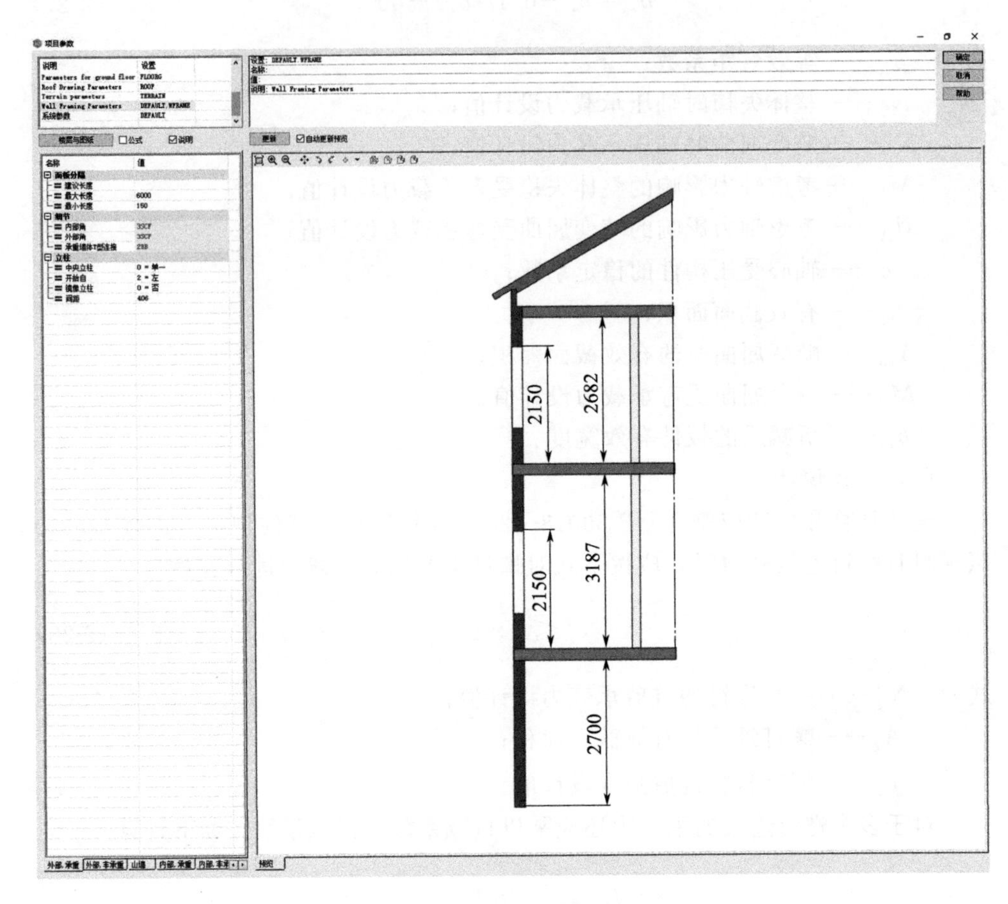


图 2-1　项目参数设置

## 2.2.2　墙体

(1) 绘制墙体

在墙体库中选择相应的墙体，设置参数，再绘制墙体（图 2-2）。创建 T 形连接和转角连接，确保所有墙体连接完成。

(2) 添加门窗

分别选择门窗的模型，输入基本数据和额外数据，在合适的位置插入门窗（图 2-3）。

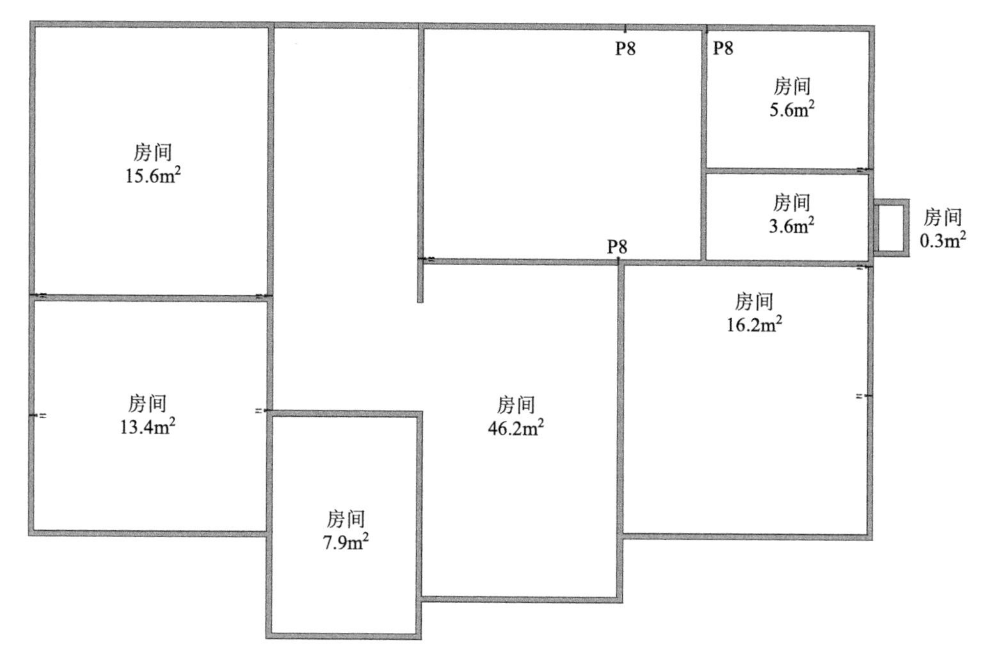


图 2-2　绘制墙体

(3) 生成墙体面板

根据需求对墙体进行分隔，生成面板，并进行墙体面板化设置（图 2-4）。

(4) 生成墙体龙骨

选择面板通过结构设置来设置龙骨的生成规则，如立柱转角设计、立柱排列方式、侧向支撑、门窗洞口的过梁、服务孔等。生成墙体龙骨，可查看龙骨的 2D 和 3D 模型（图 2-5）。

## 2.2.3　楼板与桁架

通过手动或自动添加楼板，当需要时利用裁剪或孔功能在楼板适当位置开孔。对地板进行区域分割，设置地板楼板桁架参数，生成桁架结构部件。通过面板分割后再生成楼板（图 2-6、图 2-7）。

## 2.2.4　屋面与桁架

添加屋面并设置屋面参数，编辑屋面如屋盖斜面形状、屋面边缘形状、裁切斜面、开孔等。编辑屋面结构设置，生成屋面面板和面板龙骨（图 2-8、图 2-9）。

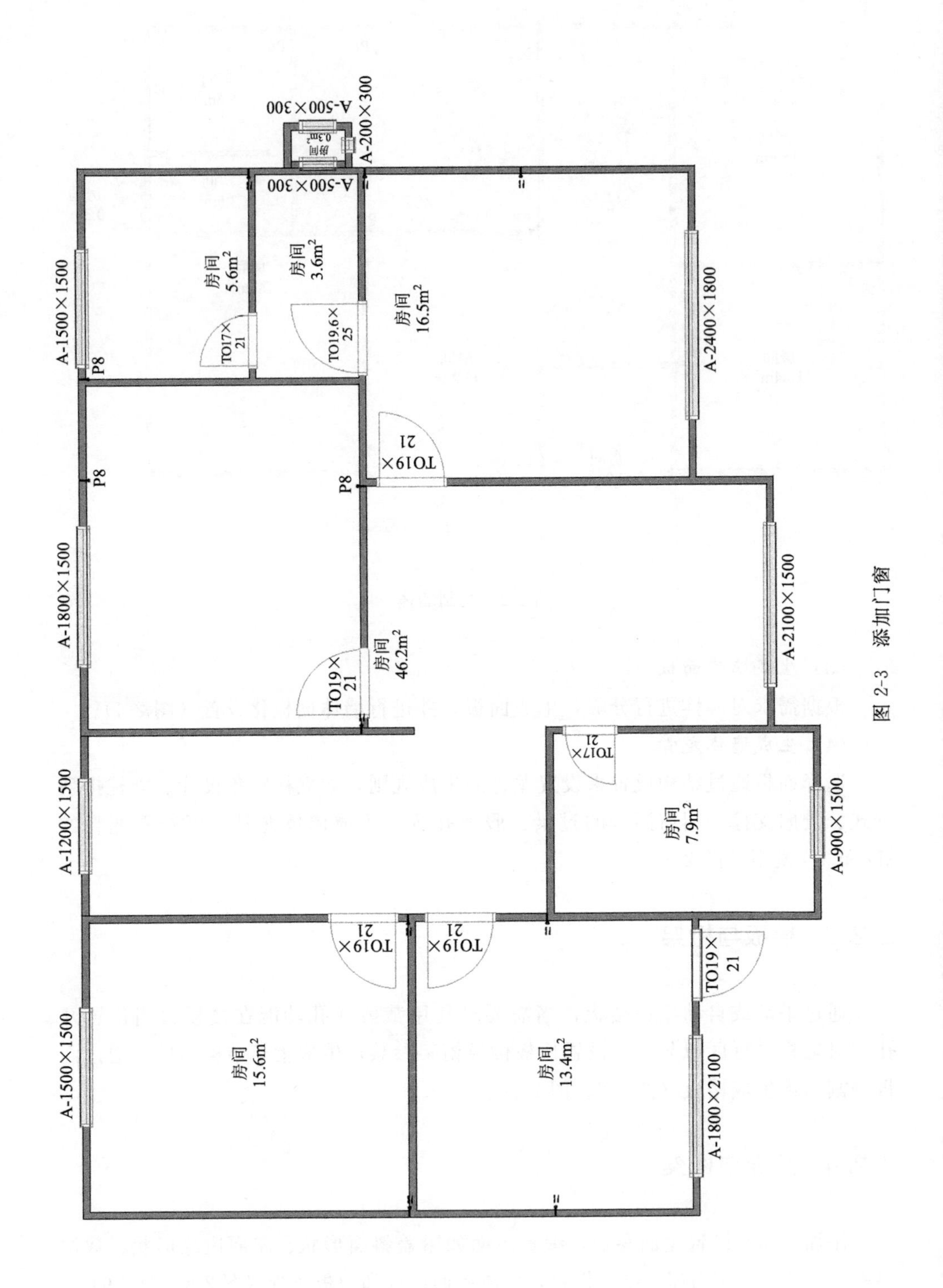

A-500×300
A-200×300
A-500×300
A-1500×1500
P8
房间
5.6m²
房间
3.6m²
TO17×21
TO19.6×25
房间
16.5m²
A-2400×1800
TO19×21
P8
P8
A-1800×1500
房间
46.2m²
TO19×21
A-2100×1500
TO17×21
房间
7.9m²
A-900×1500
A-1200×1500
TO19×21
TO19×21
TO19×21
A-1500×1500
房间
15.6m²
房间
13.4m²
A-1800×2100


图 2-3 添加门窗

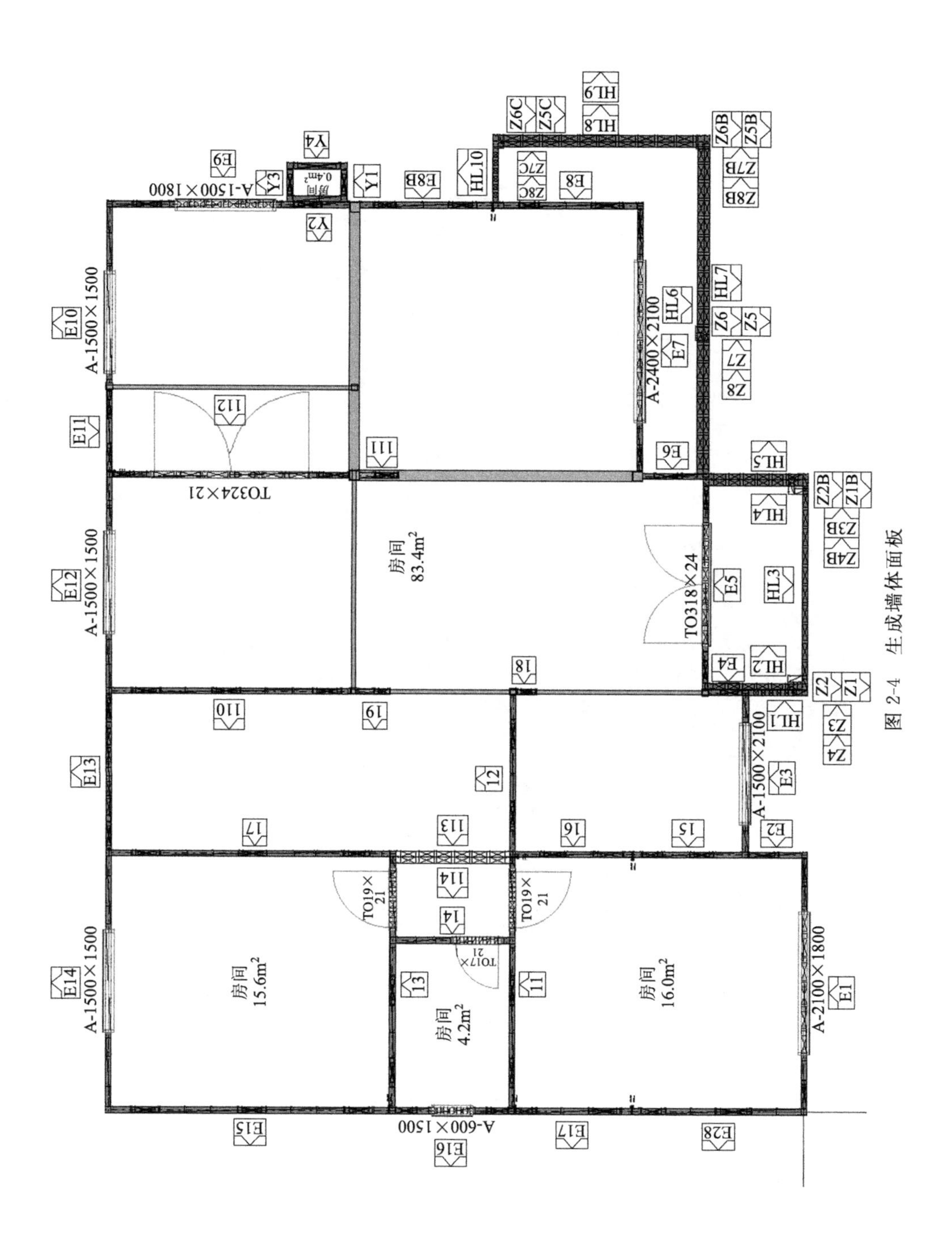
房间
83.4m2
房间
15.6m2
房间
4.2m2
房间
16.0m2
A-1500×1500
A-2400×2100
A-1500×1800
A-1500×2100
A-2100×1800
A-600×1500
TO324×21
TO318×24
TO19×21
TO17×21
E1
E2
E3
E4
E5
E6
E7
E8
E8B
E9
E10
E11
E12
E13
E14
E15
E16
E17
E28
HL1
HL2
HL3
HL4
HL5
HL6
HL7
HL8
HL9
HL10
Z1
Z2
Z3
Z4
Z5
Z6
Z7
Z8
Z1B
Z2B
Z3B
Z4B
Z5B
Z6B
Z7B
Z8B
Z5C
Z6C
Z7C
Z8C
Y1
Y2
Y3
Y4
I1
I2
I3
I4
I5
I6
I7
I8
I9
I10
I11
I12
I13
I14

图 2-4 生成墙体面板

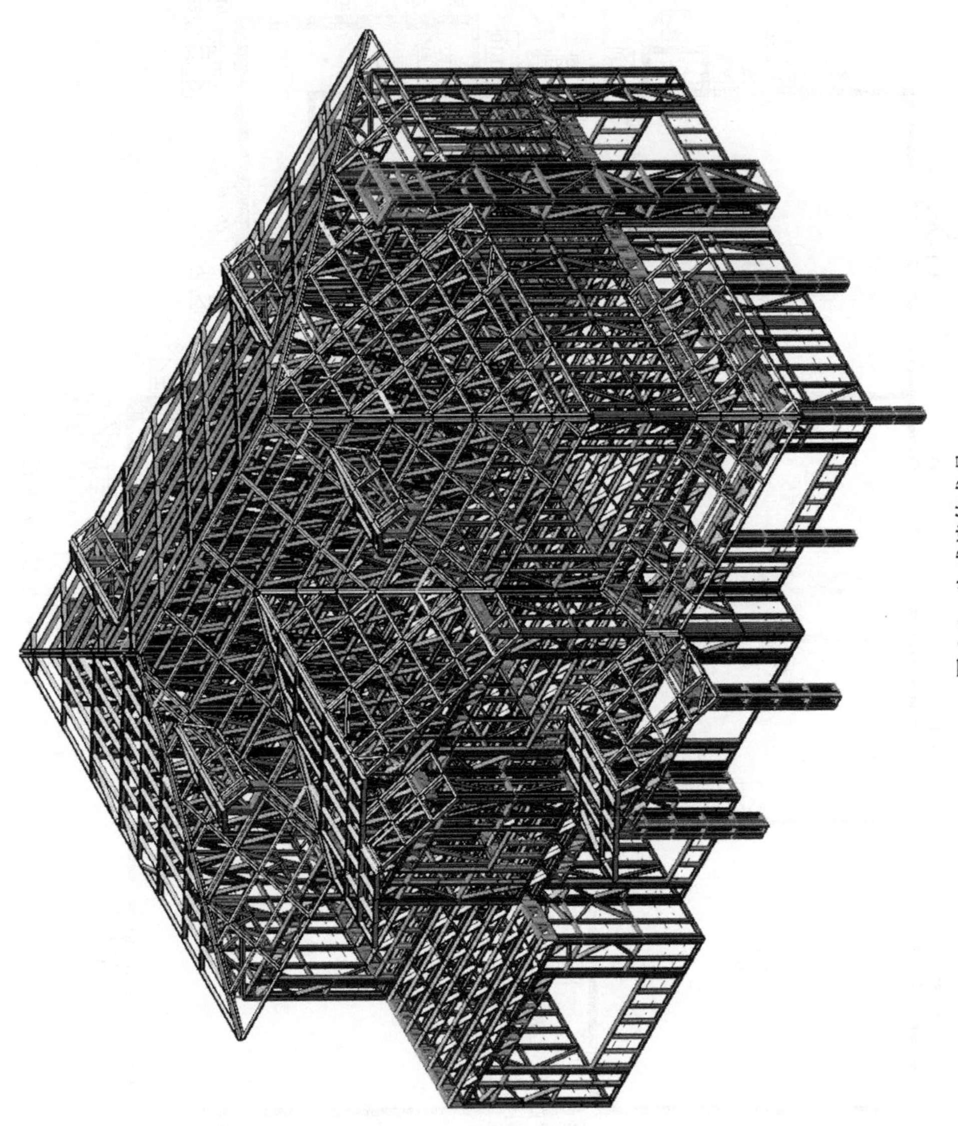

图 2-5　生成墙体龙骨

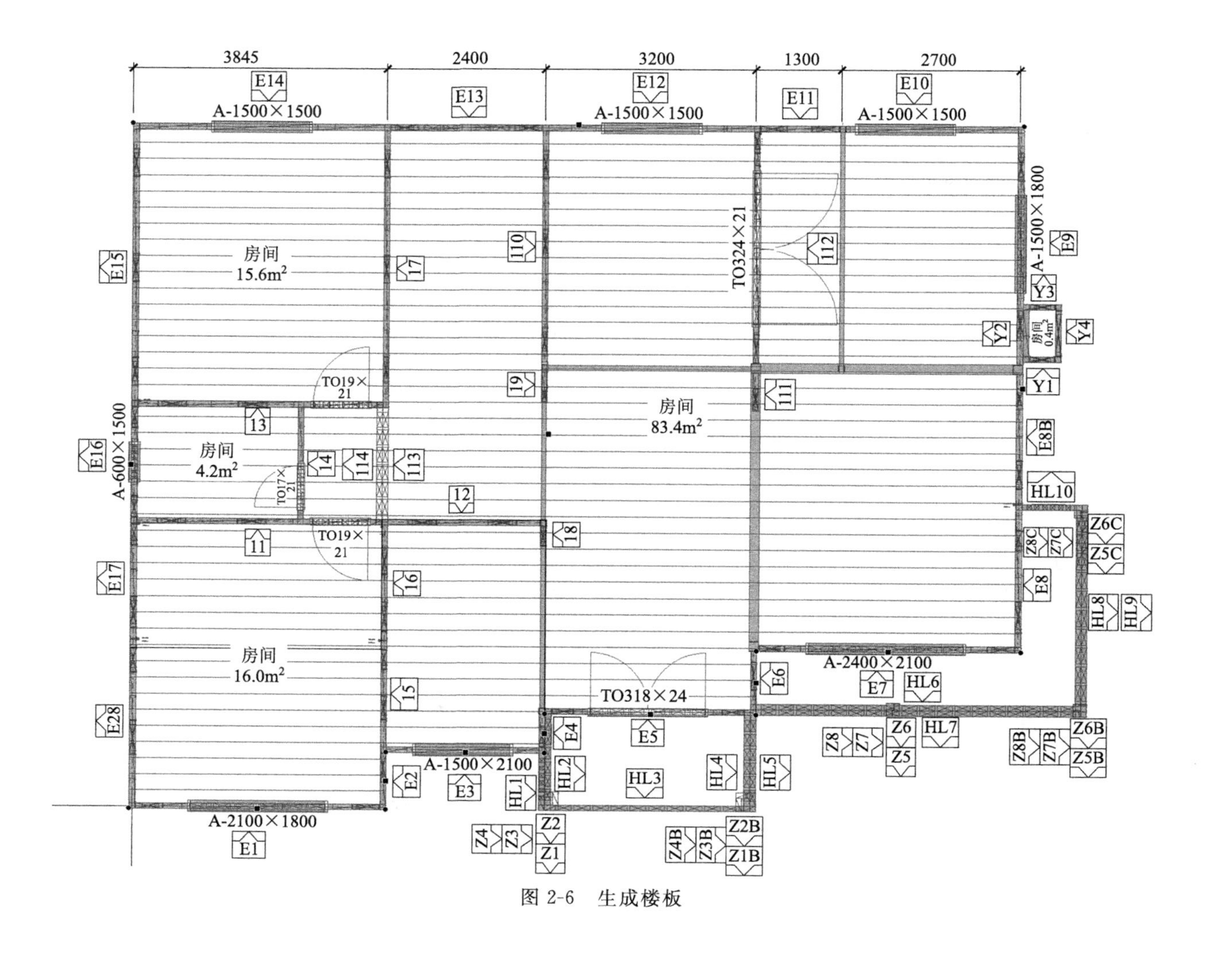
3845
2400
3200
1300
2700
A-1500×1500
A-1500×1500
A-1500×1500
A-1500×1800
A-600×1500
A-2100×1800
A-1500×2100
A-2400×2100
房间
15.6m²
房间
4.2m²
房间
16.0m²
房间
83.4m²
房间
0.4m²
TO324×21
TO318×24
TO19×21
TO19×21
TO17×21

图 2-6 生成楼板

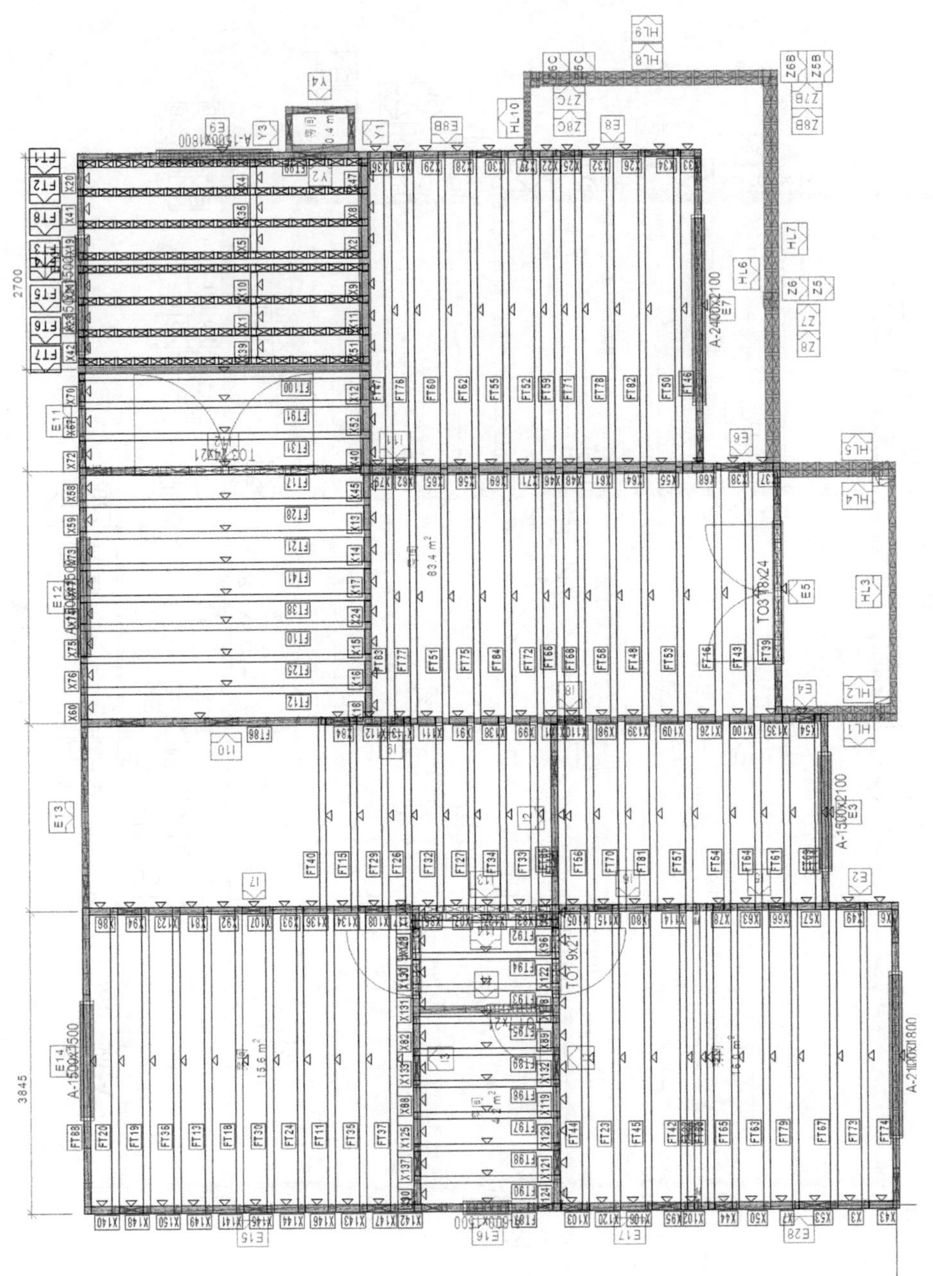

图 2-7　生成楼板桁架

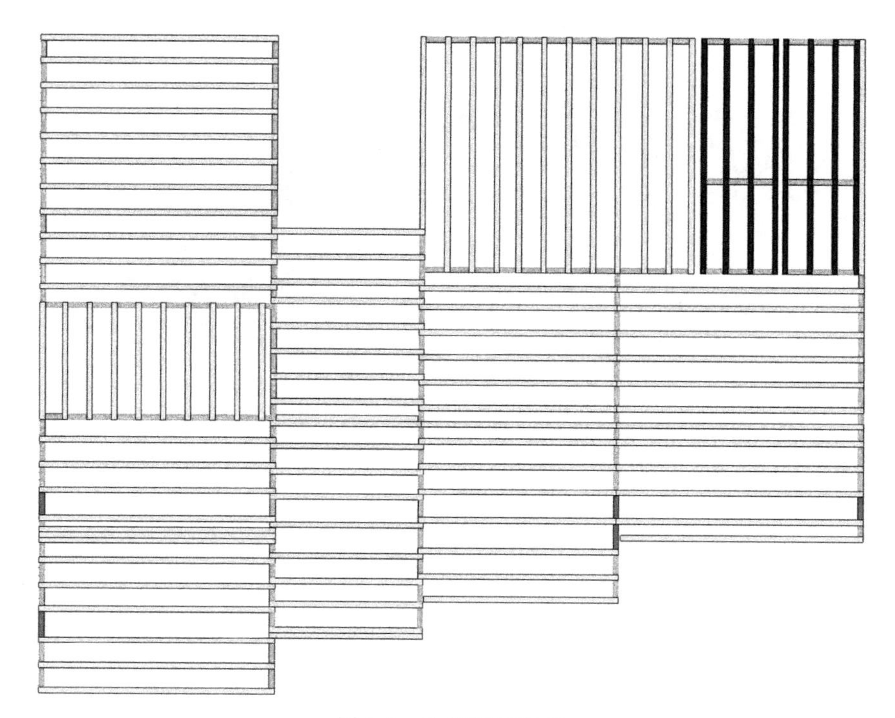

图 2-8　生成屋面面板

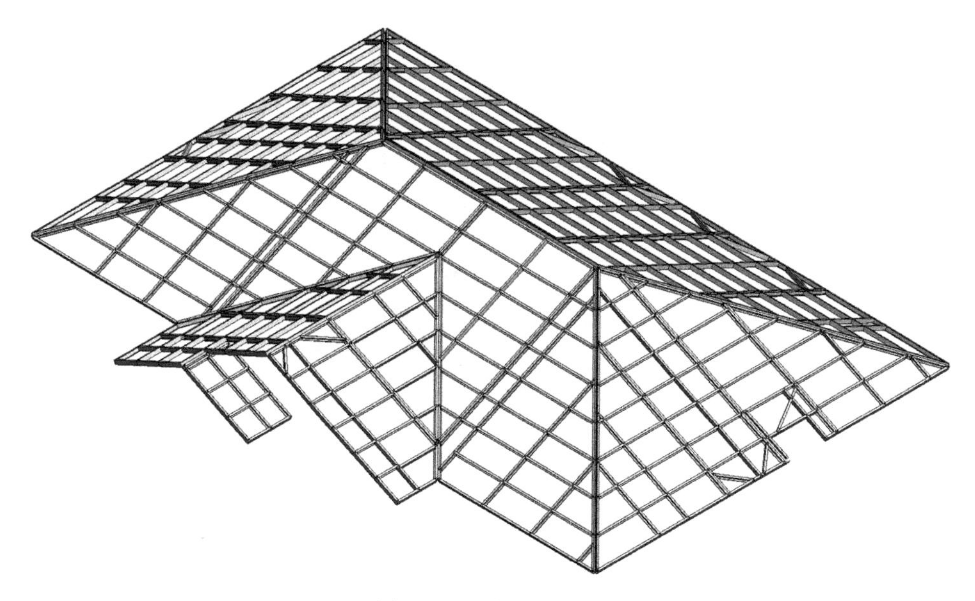

图 2-9　生成屋面龙骨

添加屋面桁架，选择屋面桁架区域，设置和修改桁架结构参数并生成桁架结构构件（图 2-10）。生成屋面桁架图纸，输出桁架清单（图 2-11）。

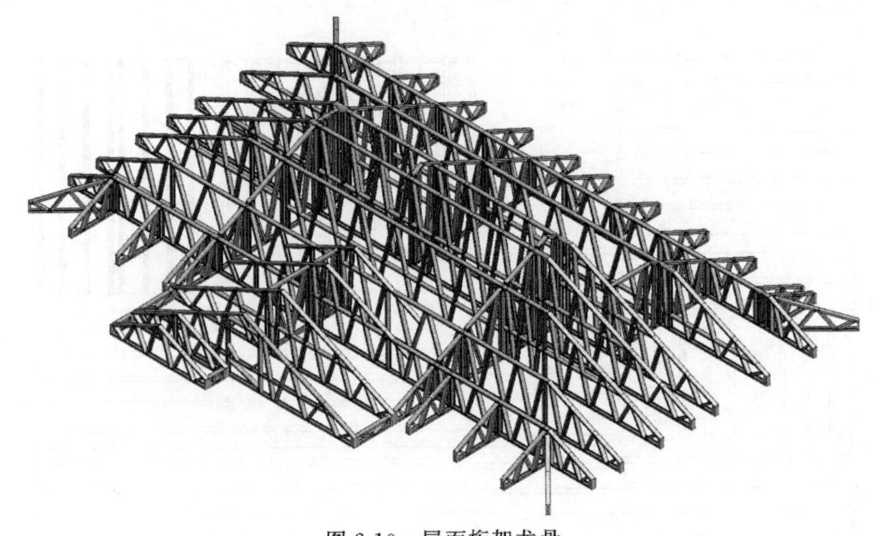

图 2-10　屋面桁架龙骨

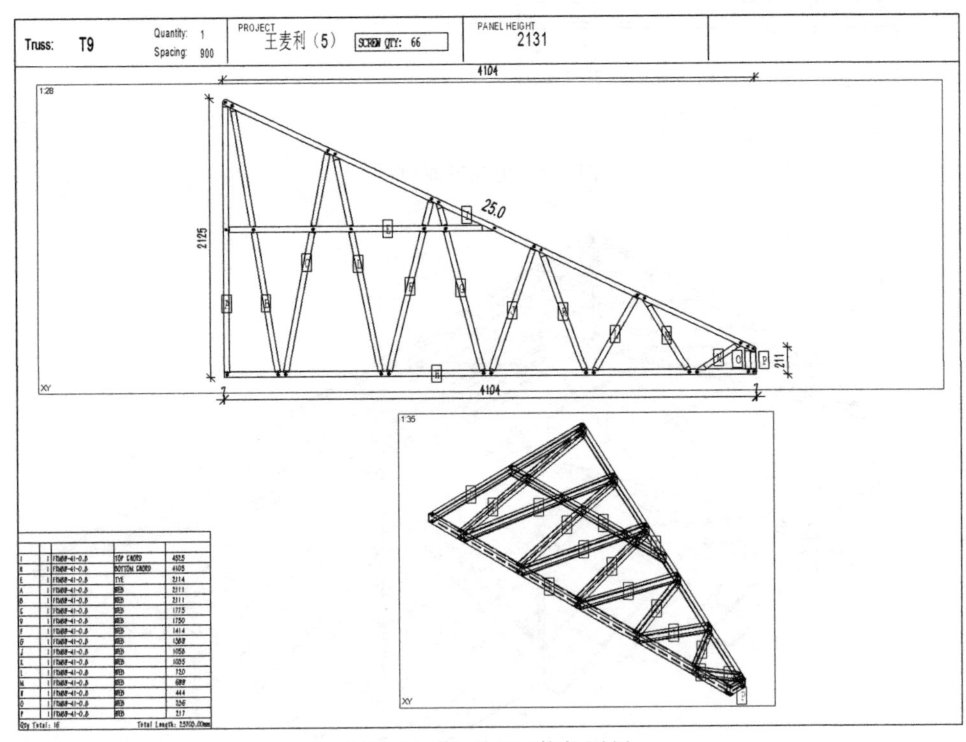


图 2-11　生成屋面桁架图纸

## 2.2.5　尺寸标注

可根据需要在 2D 和 3D 图纸上分别标注相关尺寸（图 2-12）。

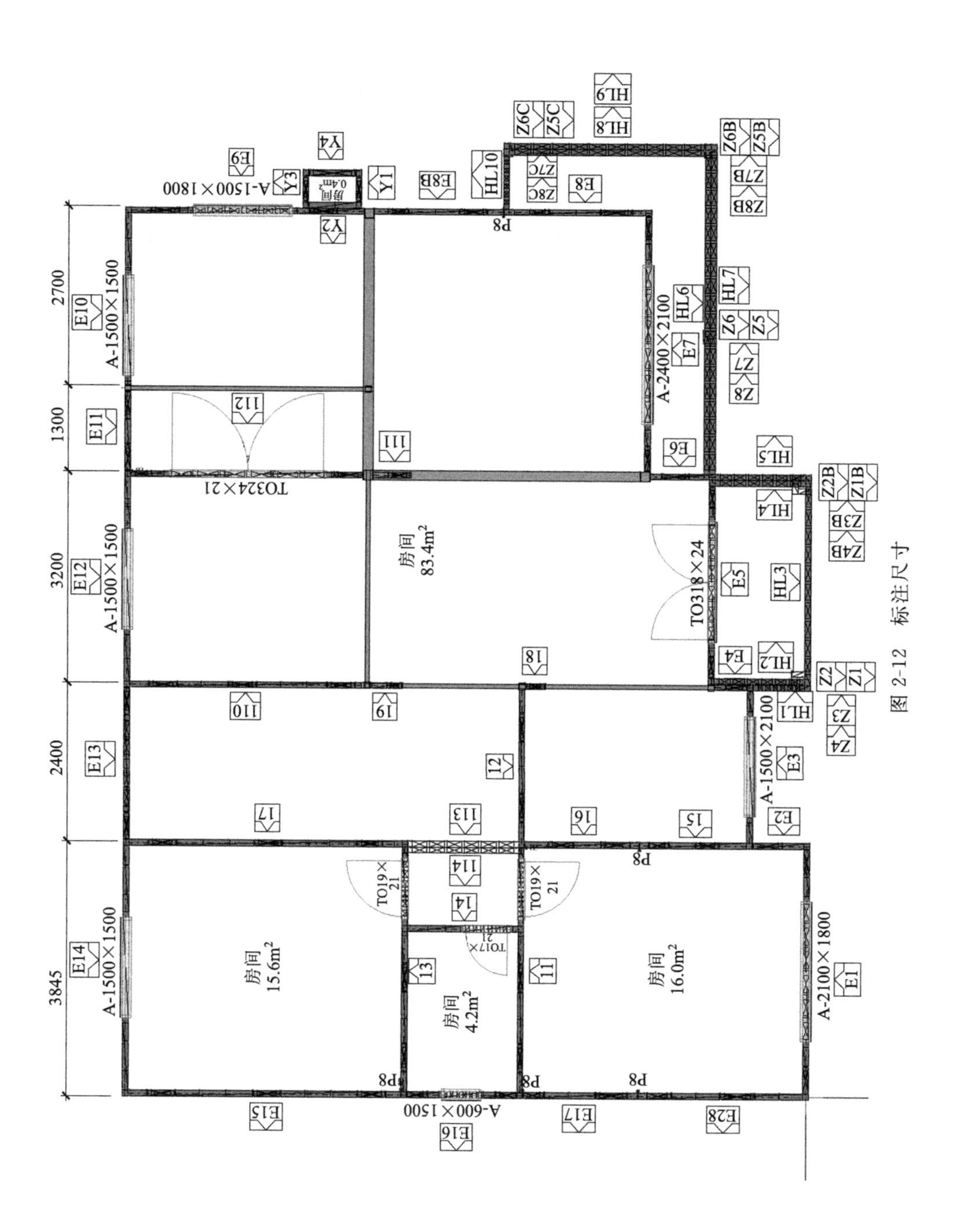
2700
1300
3200
2400
3845
A-1500×1500
A-2400×2100
A-1500×2100
A-2100×1800
A-600×1500
A-1500×1800
TO324×21
TO318×24
TO19×21
房间
83.4m²
房间
15.6m²
房间
4.2m²
房间
16.0m²

图 2-12 标注尺寸

## 2.2.6 各类图纸

创建墙体龙骨面板图纸（图 2-13），批量打印或导出 PDF、DWG、DXF 等格式图纸。输出 NC 文件，可打开加工文件查看具体内容（图 2-14）。

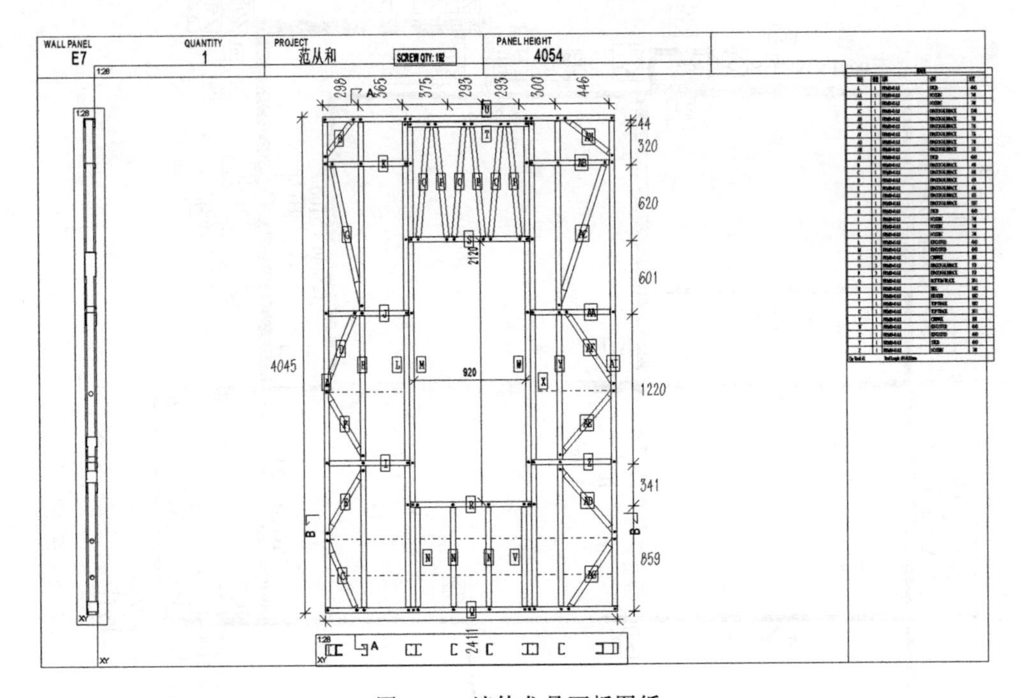


图 2-13 墙体龙骨面板图纸

创建传输文件

选择
取消选择
设置
写入输出
清除输出
打开
退出

| Id | 描述 | 长度(F) | 高度(F) | 厚度(F) | 数量 | 状态 | 文件 |
|---|---|---|---|---|---|---|---|
| 2E1 | WALLPANEL | 3711 | 2845 | 89 | 1 | | |
| 2E2 | WALLPANEL | 1689 | 2845 | 89 | 1 | | |
| 2E3 | WALLPANEL | 2311 | 2845 | 89 | 1 | | |
| 2E4 | WALLPANEL | 689 | 2845 | 89 | 1 | | |
| 2E5 | WALLPANEL | 3111 | 2845 | 89 | 1 | | |
| 2E6 | WALLPANEL | 1089 | 2845 | 89 | 1 | | |
| 2E7 | WALLPANEL | 3911 | 2845 | 89 | 1 | | |
| 2E8 | WALLPANEL | 2274 | 2845 | 89 | 1 | | |
| 2E9 | WALLPANEL | 2026 | 2845 | 89 | 1 | | |
| 2E10 | WALLPANEL | 1539 | 2845 | 89 | 1 | | |
| 2E11 | WALLPANEL | 2250 | 2845 | 89 | 1 | | |
| 2E12 | WALLPANEL | 2611 | 2845 | 89 | 1 | | |
| 2E13 | WALLPANEL | 1300 | 2845 | 89 | 1 | | |
| 2E14 | WALLPANEL | 3289 | 2845 | 89 | 1 | | |
| 2E15 | WALLPANEL | 2311 | 3195 | 89 | 1 | | |
| 2E16 | WALLPANEL | 3800 | 2845 | 89 | 1 | | |
| 2E17 | WALLPANEL | 4300 | 2845 | 89 | 1 | | |
| 2E18 | WALLPANEL | 1889 | 2845 | 89 | 1 | | |
| 2E19 | WALLPANEL | 1900 | 2845 | 89 | 1 | | |
| 2I1 | WALLPANEL | 3711 | 2845 | 89 | 1 | | |
| 2I2 | WALLPANEL | 1900 | 2845 | 89 | 1 | | |
| 2I3 | WALLPANEL | 1800 | 2845 | 89 | 1 | | |
| 2I4 | WALLPANEL | 4211 | 2845 | 89 | 1 | | |
| 2I5 | WALLPANEL | 2311 | 2845 | 89 | 1 | | |
| 2I6 | WALLPANEL | 2900 | 2845 | 89 | 1 | | |
| 2I7 | WALLPANEL | 689 | 2845 | 89 | 1 | | |
| 2I8 | WALLPANEL | 3611 | 2845 | 89 | 1 | | |
| 2I9 | WALLPANEL | 3111 | 2845 | 89 | 1 | | |

文件

图 2-14 输出 NC 文件

## 2.2.7 材料清单

输出 Excel 清单，可获得龙骨、面板、桁架、紧固件、建筑构件、墙体等各种统计数据（图 2-15）。

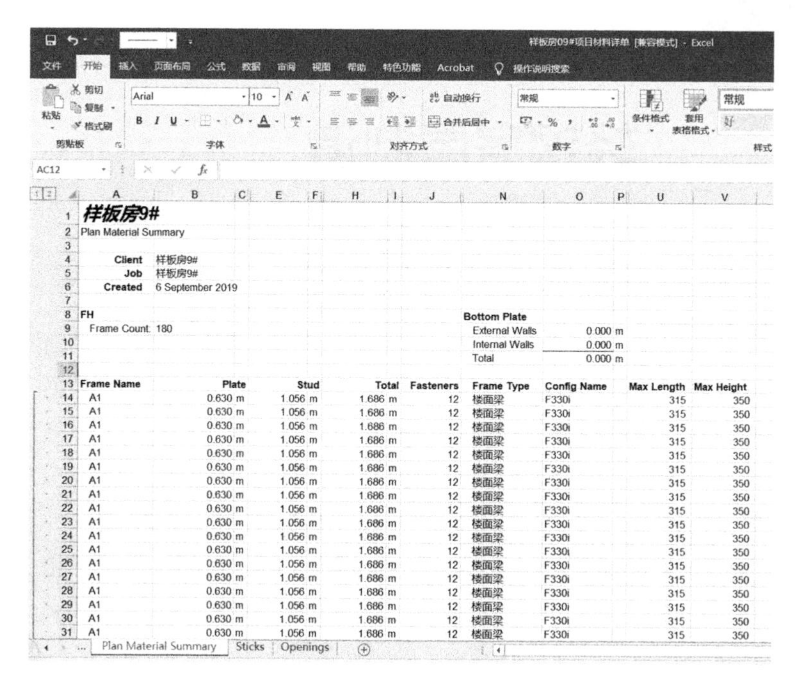

样板房9#
Plan Material Summary

Client 样板房9#
Job 样板房9#
Created 6 September 2019

FH
Frame Count: 180

Bottom Plate
External Walls 0.000 m
Internal Walls 0.000 m
Total 0.000 m

| Frame Name | Plate | Stud | Total | Fasteners | Frame Type | Config Name | Max Length | Max Height |
|---|---|---|---|---|---|---|---|---|
| A1 | 0.630 m | 1.056 m | 1.686 m | 12 | 楼面梁 | F330i | 315 | 350 |
| A1 | 0.630 m | 1.056 m | 1.686 m | 12 | 楼面梁 | F330i | 315 | 350 |
| A1 | 0.630 m | 1.056 m | 1.686 m | 12 | 楼面梁 | F330i | 315 | 350 |
| A1 | 0.630 m | 1.056 m | 1.686 m | 12 | 楼面梁 | F330i | 315 | 350 |
| A1 | 0.630 m | 1.056 m | 1.686 m | 12 | 楼面梁 | F330i | 315 | 350 |
| A1 | 0.630 m | 1.056 m | 1.686 m | 12 | 楼面梁 | F330i | 315 | 350 |
| A1 | 0.630 m | 1.056 m | 1.686 m | 12 | 楼面梁 | F330i | 315 | 350 |
| A1 | 0.630 m | 1.056 m | 1.686 m | 12 | 楼面梁 | F330i | 315 | 350 |
| A1 | 0.630 m | 1.056 m | 1.686 m | 12 | 楼面梁 | F330i | 315 | 350 |
| A1 | 0.630 m | 1.056 m | 1.686 m | 12 | 楼面梁 | F330i | 315 | 350 |
| A1 | 0.630 m | 1.056 m | 1.686 m | 12 | 楼面梁 | F330i | 315 | 350 |
| A1 | 0.630 m | 1.056 m | 1.686 m | 12 | 楼面梁 | F330i | 315 | 350 |
| A1 | 0.630 m | 1.056 m | 1.686 m | 12 | 楼面梁 | F330i | 315 | 350 |
| A1 | 0.630 m | 1.056 m | 1.686 m | 12 | 楼面梁 | F330i | 315 | 350 |
| A1 | 0.630 m | 1.056 m | 1.686 m | 12 | 楼面梁 | F330i | 315 | 350 |
| A1 | 0.630 m | 1.056 m | 1.686 m | 12 | 楼面梁 | F330i | 315 | 350 |
| A1 | 0.630 m | 1.056 m | 1.686 m | 12 | 楼面梁 | F330i | 315 | 350 |
| A1 | 0.630 m | 1.056 m | 1.686 m | 12 | 楼面梁 | F330i | 315 | 350 |

Plan Material Summary | Sticks | Openings

图 2-15 材料清单

# 轻钢房屋制造

轻钢房屋常见材料包括轻钢龙骨、结构面板、围护材料、屋面材料、保温隔热隔声材料、其他辅助配件等。本章主要介绍了上述轻钢房屋常见材料的生产制造，如生产工艺、技术质量要求等，并对其中用量较大且较为重要的轻钢龙骨和木塑复合材料的生产制造进行了详细的介绍。轻钢房屋所用材料的技术质量要求主要来源于国家标准、行业标准和企业标准，并根据实际情况对其中部分检测项目和指标做了适当调整，其指标均不低于相关国家行业标准。

## 3.1 轻钢龙骨

墙体的组合支撑部件是整个轻钢房屋的核心部件，由顶龙骨、底龙骨、横龙骨、竖龙骨、支撑等组成。顶龙骨、底龙骨、横龙骨、竖龙骨均是由冷弯薄壁卷边槽钢构件（也称为冷弯薄壁C型钢）组成，常见的截面规格为89mm×41mm×11mm，钢材壁厚根据房屋结构设计而定，一般不低于0.6mm，主要承重构件的壁厚不低于0.75mm。竖龙骨可单独使用，也可几个竖龙骨相互拼合而成。按照不同的拼合方法，其截面形状主要有工字形和箱形两类（图3-1、图3-2）。为了加强墙体，将生产过程中多余的钢板切割成一定宽度的钢条，按照水平方向或X形交叉方向与墙体连接，从而形成支撑构件（图3-3）。此外，在边部的竖龙骨之间往往需要加入C型钢构件进行增强，形成K形支撑构件（图3-4）。

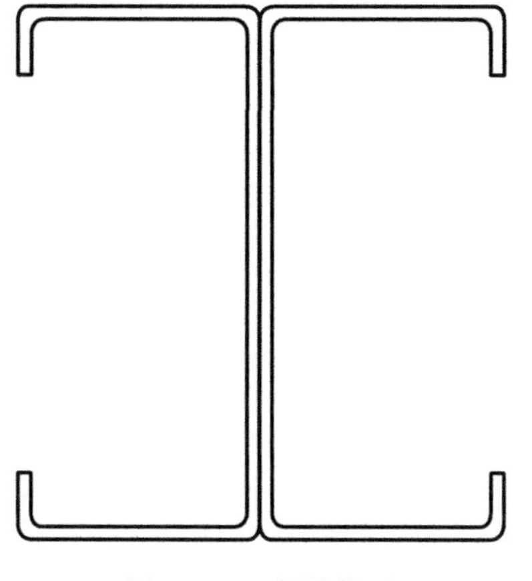

图 3-1　工字形截面

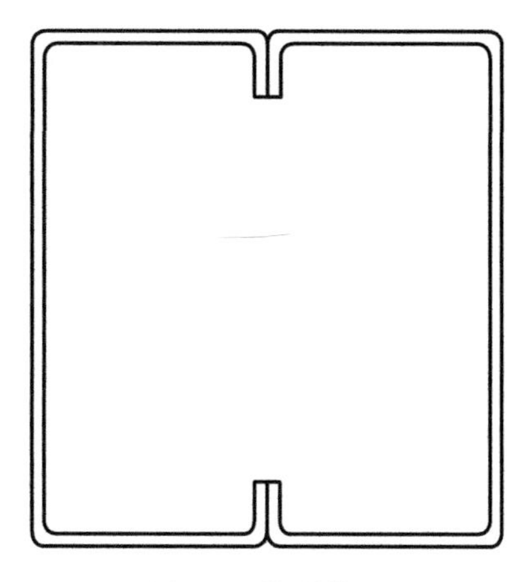

图 3-2　箱形截面

图 3-3　X 形支撑

图 3-4　K 形支撑

## 3.1.1　轻钢龙骨生产工艺

轻钢龙骨生产工艺流程如下。

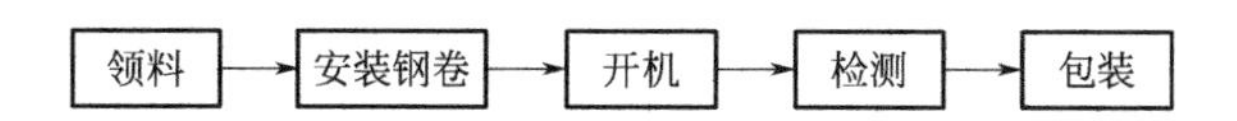


(1) 领料

从库房领用所需钢卷，并确认钢卷厚度（图 3-5）。

图 3-5　领料

(2) 安装钢卷

将钢卷套入手动开卷机中并锁好，钢卷穿入进料装置（图 3-6）。

图 3-6　安装钢卷

(3) 开机

① 打开轻钢龙骨机背面开关、开卷机电箱开关和喷码机电源开关，轻钢龙骨机的计算机控制系统自动开机，点击计算机桌面 FrameMac 软件图标，打开控制软件，进入操作界面。

② 把按钮转到手动状态。点击界面右上角的“系统功能”按钮，进入“规

格设置”栏，根据生产需要选择当前加工型号，其中“*”为所有规格可读，点击“确认”保存。

③ 将生产文件复制到U盘中，通过轻钢龙骨机主机的USB接口，将生产文件复制到计算机存储空间中，点击“添加任务”，选择文件类型，通过“浏览”按钮选择调试用文件夹路径，点击确定，可查看文件夹内文件内容。勾选需要调试的文件，点击“增加”。

④ 查看界面上的各部分工作情况，包括左边栏中的状态是否是“排队”，上方栏中“液压装置”“主电机”“冲组”是否是绿色，若为红色则需排除故障（图3-7）。

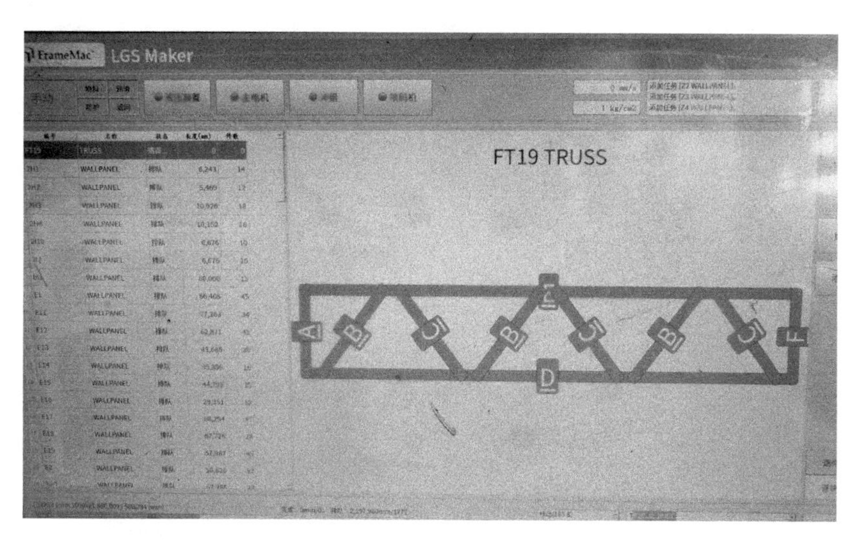


图3-7　轻钢龙骨开机操作界面

⑤ 设备调试时可切换“自动模式”，单击“单步”，检测每一步功能是否正常运行。点击“逐件暂停”，当生产出单件工件后进入暂停状态，检测每个工件是否符合标准，若出现偏差则对设备进行调整。

⑥ 正常生产时切换至“自动模式”，添加任务，添加需要生产的文件。点击“查看任务”，显示当前生产状态，如“生产”“排队”“完成”。

⑦ 当改变生产任务时，点击“更改任务”，可插入添加新任务，删除不需要的任务，或者对生产任务进行调序。

(4) 检测

检测轻钢龙骨外观、尺寸、角度是否符合要求，喷码是否清晰正确，如图3-8所示。

(5) 包装

轻钢龙骨可每两根并排放置，通过设备进行塑料膜缠绕打包。按照长度基本一致的原则将龙骨放置在木托盘上，再用打包带将整托龙骨打包。按照客户区分，进行正确码放，做好相应标识，如图 3-9 所示。

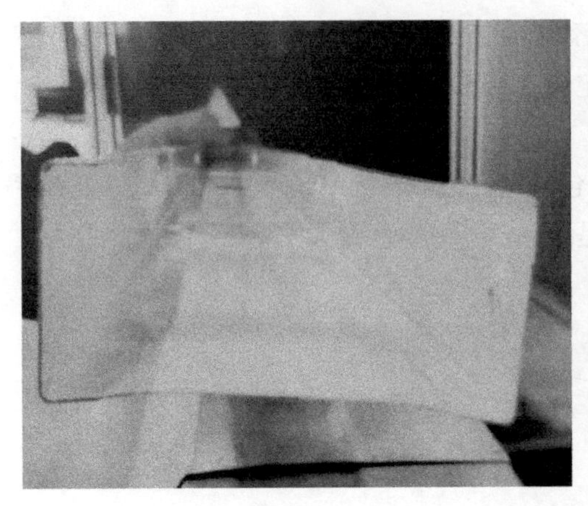

图 3-8　轻钢龙骨检测

图 3-9　轻钢龙骨包装

## 3.1.2　轻钢龙骨技术质量要求

（1）原材料

① 外观　纵切钢带表面的气泡、裂纹、结疤、折叠和夹杂等缺陷不应超过每卷钢带总长度的 6%。

② 尺寸和重量允许偏差　尺寸和重量允许偏差见表 3-1。

**表 3-1　尺寸和重量允许偏差**

| 序号 | 项目 | | 单位 | 指标 |
|---|---|---|---|---|
| 1 | 厚度 | 0.60mm＜t≤0.80mm | mm | 允许偏差±0.06 |
| | | 0.80mm＜t≤1.00mm | | 允许偏差±0.08 |
| | | 1.00mm＜t≤1.20mm | | 允许偏差±0.10 |
| | | 1.20mm＜t≤1.60mm | | 允许偏差±0.13 |
| | | 1.60mm＜t≤2.00mm | | 允许偏差±0.16 |
| 2 | 宽度 | 0.60mm＜t≤1.00mm | | 允许偏差 0～+0.6 |
| | | 1.00mm＜t≤2.00mm | | 允许偏差 0～+0.8 |
| 3 | 镰刀弯(任意 2000mm 长度) | | | ≤2 |
| 4 | 塔形高度 | | | ≤40 |
| 5 | 重量 | | % | 允许偏差±0.3 |

注：t 表示纵切钢带厚度，mm。

③ 理化性能　纵切钢带理化性能要求见表 3-2。

**表 3-2　纵切钢带理化性能要求**

| 序号 | 项目 | | 单位 | 指标 |
|---|---|---|---|---|
| 1 | 镀铝锌层含量 | | $g/m^2$ | ≥100 |
| 2 | 镀锌层含量(双面) | 一般腐蚀性地区 | | ≥180 |
| | | 高腐蚀性地区 | | ≥275 |
| 3 | 屈服强度 | Q235(t≤2.00mm) | MPa | ≥235 |
| | | Q345(t≤2.00mm) | | ≥345 |
| | | LQ550(0.60mm≤t≤0.90mm) | | ≥500 |
| | | LQ550(0.90mm＜t≤1.20mm) | | ≥465 |
| | | LQ550(1.20mm＜t≤1.50mm) | | ≥420 |
| 4 | 抗拉强度/抗压强度/抗弯强度 | Q235(t≤2.00mm) | | ≥205 |
| | | Q345(t≤2.00mm) | | ≥300 |
| | | LQ550(0.60mm≤t≤0.90mm) | | ≥430 |
| | | LQ550(0.90mm＜t≤1.20mm) | | ≥400 |
| | | LQ550(1.20mm＜t≤1.50mm) | | ≥360 |

续表

| 序号 | 项目 | | 单位 | 指标 |
|---|---|---|---|---|
| 5 | 抗剪强度 | Q235(t≤2.00mm) | MPa | ≥120 |
| | | Q345(t≤2.00mm) | | ≥175 |
| | | LQ550(0.60mm≤t≤0.90mm) | | ≥250 |
| | | LQ550(0.90mm<t≤1.20mm) | | ≥230 |
| | | LQ550(1.20mm<t≤1.50mm) | | ≥210 |
| 6 | 180°弯曲 | | — | 弯曲处外面和侧面无肉眼可见裂纹 |

注：$t$ 表示轻钢龙骨壁厚，mm。

(2) 成品

① 外观　外形要平整、棱角清晰，切口不应有毛刺和变形。镀层应无起皮、起瘤、脱落等缺陷，无影响使用的腐蚀、损伤、麻点，每米长度内面积不大于 $1cm^2$ 的黑斑不多于 3 处。

② 形状尺寸　轻钢龙骨外形尺寸要求见表 3-3。

**表 3-3　轻钢龙骨外形尺寸要求**

| 序号 | 项目 | | 单位 | 指标 |
|---|---|---|---|---|
| 1 | 长度 | | mm | 允许偏差±2.0 |
| 2 | 宽度 | | | 允许偏差±1.0 |
| 3 | 高度 | | | 允许偏差±0.5 |
| 4 | 厚度 | 0.60mm<t≤0.80mm | | 允许偏差±0.06 |
| | | 0.80mm<t≤1.00mm | | 允许偏差±0.08 |
| | | 1.00mm<t≤1.20mm | | 允许偏差±0.10 |
| | | 1.20mm<t≤1.60mm | | 允许偏差±0.13 |
| | | 1.60mm<t≤2.00mm | | 允许偏差±0.16 |
| 5 | 弯曲内角半径 | 0.60mm<t≤0.70mm | | ≤1.50 |
| | | 0.70mm<t≤1.00mm | | ≤1.75 |
| | | 1.00mm<t≤1.20mm | | ≤2.00 |
| | | 1.20mm<t≤2.00mm | | ≤2.25 |
| 6 | 平直度 | 侧面 | mm/1000mm | ≤1.0 |
| | | 底面 | | ≤2.0 |

注：$t$ 表示轻钢龙骨壁厚，mm。

考虑到理化性能需要破坏轻钢龙骨产品，而钢材原材料一般质量较为稳定，因此仅在原材料进厂时检测理化性能，而成品则不检测该性能。

## 3.2 结构面板

墙体组合支撑部件的外围需要蒙上结构面板，形成蒙皮结构，进而可承受面内拉应力、压应力和剪应力，起到增强轻钢房屋体系的作用。市面上常用的结构面板包括定向刨花板（也叫 OSB 板、欧松板），纤维水泥板，压型钢板等，如图 3-10～图 3-12 所示。

图 3-10　OSB 板

图 3-11　纤维水泥板

图 3-12　压型钢板

### 3.2.1 OSB板

OSB板是以木材中的小径材、间伐材、木芯等为原料，通过专用设备加工成长刨片，再经过施胶、定向铺装和热压成型等工艺制备而成的人造板。由于其重组了木材的纹理结构，具有很强的力学性能，尤其是抗剪切性能很高，是轻钢房屋中抗剪力墙较为理想的蒙皮结构。但由于木质材料有很强的吸水性，水若渗进墙体被OSB板吸收后，板材会发生吸水膨胀现象，从而导致墙体坑洼不平，因此OSB板不可用于厨房、卫生间等涉水的墙体。此外OSB板阻燃性能较弱，一般不能应用在防火性能要求较高的场所。OSB板是标准板材，在轻钢房屋中常用的规格为1220mm×2440mm，厚度为9mm、12mm和18mm等。

OSB板的技术质量要求如下。

(1) 外观

无明显开胶、开裂等现象。

(2) 形状尺寸

OSB板形状尺寸要求见表3-4。

**表3-4 OSB板形状尺寸要求**

| 序号 | 项目 | 单位 | 指标 |
|---|---|---|---|
| 1 | 长度 | mm | 允许偏差±3.0 |
| 2 | 宽度 | | 允许偏差±3.0 |
| 3 | 厚度 | | 允许偏差±0.3 |
| 4 | 边缘不直度 | mm/m | ≤1.5 |
| 5 | 垂直度 | | ≤2.0 |

(3) 理化性能

OSB板理化性能要求见表3-5。

**表3-5 OSB板理化性能要求**

| 序号 | 项目 | 单位 | 指标 |
|---|---|---|---|
| 1 | 含水率 | % | ≤12 |
| 2 | 24h吸水厚度膨胀率 | | ≤15 |

续表

| 序号 | 项目 | 单位 | 指标 |
| --- | --- | --- | --- |
| 3 | 静曲强度(平行) | MPa | ≥22 |
| 4 | 静曲强度(垂直) | | ≥11 |
| 5 | 弹性模量(平行) | | ≥3500 |
| 6 | 弹性模量(垂直) | | ≥1400 |
| 7 | 内结合强度 | | ≥0.34 |
| 8 | 煮沸试验后内结合强度 | | ≥0.15 |
| 9 | 甲醛释放量 | $mg/m^3$ | ≤0.124 |

## 3.2.2 纤维水泥板

纤维水泥板是以硅质、钙质材料为原料，以天然纤维素纤维、有机合成纤维、无机矿物纤维等为增强材料，经过制浆、抄取、加压、蒸汽养护等工艺而制成的板材。根据密度不同分为低密度纤维水泥板（0.9～1.2g/$cm^3$）、中密度纤维水泥板（1.2～1.5g/$cm^3$）和高密度纤维水泥板（1.5～2.0g/$cm^3$），密度越高其强度也越高，但越不容易钻螺钉。由于结构面板需要用螺钉和钢结构进行结合，故应尽可能选择密度高且用手电钻能方便钻螺钉的板材。纤维水泥板的抗剪切强度不如OSB板，但最大的优点是防水，故往往用于厨房、卫生间的内墙，以及房屋的外墙等。轻钢房屋常用的纤维水泥板规格为1220mm×2440mm，常用厚度有5mm、9mm和12mm等。

纤维水泥板的技术质量要求如下。

（1）外观

表面不得有裂纹、分层、脱皮现象。每张板不超过1个掉角，掉角的长度方向≤20mm，宽度方向≤10mm，掉边深度≤5mm。

（2）形状尺寸

纤维水泥板形状尺寸要求见表3-6。

**表3-6 纤维水泥板形状尺寸要求**

| 序号 | 项目 | 单位 | 指标 |
| --- | --- | --- | --- |
| 1 | 长度 | mm | 允许偏差±5.0 |
| 2 | 宽度 | | 允许偏差±3.0 |

续表

| 序号 | 项目 | 单位 | 指标 |
| --- | --- | --- | --- |
| 3 | 厚度 | mm | 允许偏差±0.4 |
| 4 | 平整度 | | ≤0.3 |
| 5 | 边缘不直度 | mm/m | ≤2 |

(3) 理化性能

纤维水泥板理化性能要求见表 3-7。

**表 3-7 纤维水泥板理化性能要求**

| 序号 | 项目 | 单位 | 指标 |
| --- | --- | --- | --- |
| 1 | 抗冲击强度 | $kJ/m^2$ | ≥2.6 |
| 2 | 抗折强度(干燥) | MPa | ≥22 |

## 3.2.3 压型钢板

压型钢板是将涂层板或镀层板经辊压冷弯，沿板宽方向形成波形截面的成型钢板，具有轻质高强、美观耐用、防火抗震等优点。压型钢板宜选用屈服强度为 Q235 和 Q345 钢材，公称厚度不宜小于 0.5mm。考虑到 OSB 板阻燃和防水性能不佳，纤维水泥板不易打钉和抗剪刚度不强等问题，而压型钢板则基本不存在上述问题，预计未来将会得到更多的应用。

压型钢板的技术质量要求如下。

(1) 外观

压型钢板的基板、镀层不应有肉眼可见的裂纹、剥落和擦痕等缺陷，切口平直整齐。

(2) 形状尺寸

压型钢板的形状尺寸要求见表 3-8。

**表 3-8 压型钢板的形状尺寸要求**

| 序号 | 项目 | 单位 | 指标 |
| --- | --- | --- | --- |
| 1 | 长度 | mm | 允许偏差 0～9.0 |
| 2 | 覆盖宽度 | | 允许偏差－2.0～10.0 |

续表

| 序号 | 项目 | 单位 | 指标 |
| --- | --- | --- | --- |
| 3 | 波高 | mm | 允许偏差±1.5 |
| 4 | 波距 |  | 允许偏差±2.0 |
| 5 | 侧向弯曲 | mm/m | ≤2.0 |

(3) 理化性能

压型钢板的理化性能要求见表 3-9。

**表 3-9 压型钢板的理化性能要求**

| 序号 | 项目 |  | 单位 | 指标 |
| --- | --- | --- | --- | --- |
| 1 | 屈服强度 | Q235 | MPa | ≥235 |
|  |  | Q345 |  | ≥345 |
| 2 | 抗拉强度 | Q235 |  | ≥205 |
|  |  | Q345 |  | ≥300 |
| 3 | 镀锌量（双面） | 一般腐蚀性地区 | $g/m^2$ | ≥90 |
|  |  | 高腐蚀性地区 |  | ≥140 |
| 4 | 镀铝锌量（双面） | 一般腐蚀性地区 |  | ≥50 |
|  |  | 高腐蚀性地区 |  | ≥75 |

# 3.3 围护材料

轻钢房屋的围护材料主要指内外墙的装饰材料。外墙装饰一般用木塑复合材料、饰面纤维水泥板、金属雕花板、PVC 挂板等。内墙装饰一般使用木塑集成墙板、饰面石膏板、墙纸、涂料、木材、石材、皮革等。本小节仅介绍常用的木塑复合板材、纸面石膏板和饰面纤维水泥板。

## 3.3.1 木塑复合材料

木塑复合材料（WPC）是以生物质纤维（如竹纤维、木纤维、农作物秸秆、麻纤维和稻壳等)、热塑性塑料以及各种助剂等为主要原料，通过挤出、注塑、热压、3D 打印等加工工艺制备而成的绿色环保新材料。

#### 3.3.1.1 木塑复合材料的特性

(1) 绿色环保

生物质是指一切直接或间接利用绿色植物光合作用形成的有机物质，包括除化石燃料外的植物、动物、微生物及其排泄与代谢物等。木塑复合材料中的生物质纤维专指木材、竹材、农作物秸秆、麻、谷壳等依靠光合作用形成的纤维及其废弃物，具有天然的绿色环保性能，固碳，可再生。每年地球上产生巨量的生物质纤维，而许多生物质纤维被废弃或焚烧，不仅浪费资源也对环境产生大量污染。木塑复合材料可大量利用生物质纤维，践行绿色低碳环保理念。

(2) 循环再生

随着人们生活水平越来越高，大量塑料如聚乙烯、聚丙烯、聚苯乙烯、聚氯乙烯等被广泛使用，由于使用后被随意丢弃，在自然环境中很难降解，进而形成“白色污染”，破坏环境。木塑复合材料使用了大量废弃塑料，这些塑料在高温下变成熔体，包裹住生物质纤维，冷却后变成固体使用。木塑复合材料这一加工特性使得其在生产制造过程中产生的废料可二次甚至多次加工利用，当制品使用达到设计年限或需要更换时，可将木塑制品回收破碎，并按比例添加到新的制品生产中，从而循环再生。若木塑制品在使用过程中经过太阳紫外线、水、空气、臭氧、微生物等作用，产品性能逐步下降而失去使用和回收再加工的价值时，还可作为生物质能源，转换成电能、热能等能源，发挥最后的价值。

(3) 安全无毒

生物质纤维是由纤维素、半纤维素、木质素、抽提物、灰分等组成，主要组成元素为碳、氢、氧，以及微量的硅、钙、镁、钾、钠、锰、铁、磷、硫、氮等。生物质纤维不仅无有毒有害物质，还具有一定的保健功能。有些木材的细胞腔含有各种挥发性物质，闻之清新爽神、醒脑舒心。

木塑复合材料使用的塑料主要为三大通用塑料：聚乙烯、聚丙烯、聚氯乙烯。其中聚乙烯和聚丙烯的新料无毒，废弃塑料往往来源于桶、盆、盒、瓶盖、奶瓶、薄膜、线缆皮等无毒产品。聚氯乙烯类制品的生产过程需要添加增塑剂、稳定剂等，以前常用的增塑剂是邻苯二甲酸酯类，对人体有一定危害，现在可通过添加无毒的增塑剂如环氧大豆油等来取代邻苯二甲酸酯类。由于铅是一种严重危害人类健康的重金属元素，影响免疫、内分泌、泌尿、神经、造血、骨骼、消化、心血管、生殖、发育等，因此聚氯乙烯配方中应尽量避免使用含铅盐的稳定剂，可用钙锌类稳定剂或稀土类稳定剂等环保稳定剂代替铅盐稳定剂。有些聚氯乙烯类制品为了提高力学性能而添加了玻璃纤维，回收利用时需要将其破碎形成粉体。当玻璃纤维粉体接触到皮肤时，对皮肤具有强烈的刺激作用，人会感到刺痒难忍，用手抓挠又会使得玻璃纤维粉体渗入皮肤很难拔出，易引发接触性皮炎。若粉末进入人眼，可患结膜炎和角膜炎，严重者可见角膜水肿和局部脓肿。因废旧聚氯乙烯制品成分复杂，很难识别是否具有有害成分，故目前一般都是利用聚氯乙烯新料生产木塑复合材料，选择不含邻苯二甲酸酯类的增塑剂和环保稳定剂，同时生产过程不添加玻璃纤维。因此三大通用塑料生产的木塑复合材料均为安全无毒产品。

木塑复合材料的配方中除了塑料和生物质纤维，还需要添加颜料、碳酸钙、加工助剂等，这些都选择无毒无害物质。其中颜料需要特别注意安全性，一般木塑复合材料的颜料选择氧化铁红、氧化铁黄、钛白粉、炭黑等，而不能选择含铅、镉、铬等颜料。因为长时间接触一定量的重金属镉和铬，会对人的身体产生极大危害。《绿色产品评价 木塑制品》(GB/T 35612—2017) 中要求木塑基材可溶性铅、镉和铬均不超过 8mg/kg，对于合格的木塑制品一般检测无重金属含量。

一部分装修材料使用含甲醛的胶黏剂，从而容易造成装修甲醛超标现象，社会公众对甲醛已经到了“谈醛色变”的地步。甲醛被世界卫生组织确定为致癌和致畸形物质，是公认的变态反应源。短期接触可引起头痛、咳嗽、胸闷、咽喉不适、恶心等症状，长期接触低剂量甲醛会引发慢性呼吸道疾病，引起妊娠综合征、新生儿染色体异常、白血病、鼻咽癌、结肠癌、细胞核基因突变、青少年智力和记忆力下降等。木塑复合材料生产过程依靠塑料自身的粘接性能实现塑料和生物质纤维的可靠结合，从而避免使用含甲醛的胶黏剂。

(4) 风格多变

木塑复合材料经过砂光、拉丝、压花、共挤、雕刻、贴装饰膜、仿石材等多种表面处理工艺，可形成实木、石材、布艺等各种装饰风格。户外和室内使用的木塑复合材料纹理有显著差异，户外木塑比较粗犷，而室内木塑较为细腻(图 3-13～图 3-16)。

图 3-13 户外实木纹理

图 3-14 户外石材纹理

图 3-15　室内实木纹理

图 3-16　室内石材纹理

（5）防水

生物质纤维的分子链由于含有大量亲水性的羟基，具有极强的吸水性。在微观上生物质纤维的细胞腔和细胞壁吸水润胀，制品发生膨胀尺寸变大；而在干燥气候下，水分易蒸发，生物质纤维由于失水发生收缩尺寸减小，这是房屋中的木质家具、门窗等在湿度变化条件下发生开裂鼓胀的主要原因。木塑复合材料虽然含有大量的生物质纤维，但在加工过程中塑料均匀地包裹在生物质纤维表面，而这些塑料往往是非极性疏水材料，极大阻碍了生物质纤维的吸水性能。一般木塑制品 24h 常温吸水率不到 1%，具有优异的防水性能。

### 3.3.1.2　木塑复合材料的应用

中国的木塑复合材料产业经过近 20 年的高速发展，截至 2018 年年底，年产接近 300 万吨，产销量均占世界首位。木塑复合材料的应用广泛，如园林景观、室内装饰、汽车零部件、家具、酒店洁具用品等，木塑复合材料也在装配式轻钢房屋中得到大量的应用。

（1）室内装饰

目前木塑复合材料可作为室内装饰材料，应用在轻钢房屋室内的内墙和吊顶，如图 3-17、图 3-18 所示。

图 3-17　室内墙板

图 3-18　室内吊顶

(2) 户外墙板

木塑墙板由于具有木质感、环保等优点，被大量应用在户外墙板上（图 3-19）。

图 3-19　户外墙板

(3) 园林庭院

木材和防腐木曾经被大量应用在园林景观中。木材容易老化、受真菌侵蚀，暴露在户外很快会腐朽、开裂，这就需要表面涂饰油漆，但油漆耐老化性能并不理想，使用 1～2 年油漆会大量剥落，故往往每年需要重新涂饰油漆，后期维护费较高。防腐木由于添加了大量防腐剂，具有防腐蚀、防潮、防真菌、防虫蚁、防霉变等特性，使用寿命较长。常见防腐剂是 CCA、ACQ，防腐剂一般含有毒物质，如铬、砷等，对环境造成潜在不利影响。木塑复合材料具有耐腐、抗老化、防白蚁、不易吸水等优点，从而可取代木材和防腐木。木塑产品可大量应用在轻钢房屋的庭院中，如庭院铺板、凉亭、廊架、围栏等，如图 3-20～图 3-23 所示。

图 3-20　铺板

图 3-21　围栏

图 3-22　凉亭

图 3-23　廊架

### 3.3.1.3　木塑复合材料生产工艺

木塑复合材料工艺按制备方法分为挤出法、注塑法和热压法，其中挤出法是木塑复合材料的常规制备工艺，占据主导地位，以下是木塑复合材料挤出法制备工艺流程。

配料 → 混料 → 造粒 → 挤出 → 表面处理 → 切割 → 包装

(1) 配料

根据客户订单要求，选择配方体系，较为常见的是户外聚乙烯基木塑体系和室内聚氯乙烯基木塑体系。每个生产厂家的设备容量、自动化程度都不一样，进而一次配料量也不一样。配料中有大料和小料之分，大料指聚乙烯、聚氯乙烯、生物质纤维、填料等用量较多的材料，小料指颜料、润滑剂、抗氧剂、抗紫外线剂、稳定剂、增塑剂等用量较少的材料。自动化程度较高的工厂现在基本不需要人工配料，将每种物料放到自动配料系统的专用料斗中，设置配料程序，自动称量物料并通过管道按程序输送到下一工序，如图 3-24 所示。

(2) 混料

混料是指在混料机中将各种原料经过高温或常温下混合均匀。混料机主要分为两种：低混混料机和高低混混料机。高低混混料机是先将物料在高温混合仓中混合，当物料中的塑料开始熔融塑化时，再将混合物料放到低温混合仓中冷却的混料机（图 3-25）。低混混料机是指不需要加热或稍微加热，仅将各种物料初步混合均匀的混料机。

图 3-24　自动配料系统

图 3-25　混料系统

聚乙烯废料来源广泛，废料中可能存在交联聚乙烯或某些熔点较高的杂料，若使用低混混料机混合，往往造粒和挤出成型时可能出现部分物料塑化不良或未熔融的现象，从而影响产品的力学性能，这也是大部分木塑复合材料制造企业选择高低混工艺的原因。少量木塑企业通过改进造粒工艺，克服上述缺点，进而选择低混工艺。此外聚氯乙烯基木塑复合材料的生产均采用高低混工艺。

(3) 造粒

造粒是指将混合均匀的原材料经过造粒机高温剪切，使得塑料熔融塑化并包裹生物质纤维，形成木塑颗粒。木塑复合材料的制造一般使用积木式平行双螺杆造粒机，造粒机主要由传动系统、加热冷却系统和挤压系统等组成（图 3-26）。传动系统包含电动机、减速器和轴承等，主要作用是为螺杆运动提供驱动力，供给造粒工艺所需的力矩和转速。加热冷却系统提供加工温度，并将其控制在工艺要求的范围内，减少温度波动对材料的影响。挤压系统包括料斗、机筒、平行双螺杆、机头等，其中机筒和螺杆配合，实现对木塑材料的输送、软化、熔融、塑化、排气、压实等功能，这是造粒机的核心部件，很大程度上影响最终木塑制品的质量。平行双螺杆由许多不同功能的螺纹元件采用搭积木的方式组成，包括输送块、剪切块、密炼转子、反旋螺纹等。

图 3-26 造粒系统

聚氯乙烯基木塑复合材料由于采用新料，且聚氯乙烯是粉末状，容易塑化，通过高低混混料机能得到塑化良好的物料，故无需造粒。

PE（聚乙烯）基木塑造粒工艺参数见表 3-10，由于配方、原材料、设备等不同，工艺参数会有一定差异。本书仅收集某生产厂家的实际数据，因此本书中涉及各工序的工艺参数仅供参考。

表 3-10 PE基木塑复合材料造粒工艺参数 单位：℃

| 一区温度 | 二区温度 | 三区温度 | 四区温度 | 五区温度 |
| --- | --- | --- | --- | --- |
| 80～90 | 110～120 | 165～175 | 165～175 | 165～175 |
| 六区温度 | 七区温度 | 八区温度 | 机头温度 | |
| 165～175 | 165～175 | 165～175 | 165～170 | |

（4）挤出

挤出成型是指受热熔融的物料在螺杆挤压作用下，通过机头模具而成型为具有固定截面的连续型材的一种方法。挤出机主要由主机和辅机组成。主机包括传动系统、加热冷却系统和挤出系统。核心的挤出系统由料斗、螺杆、机筒、机头等组成，挤出螺杆和造粒螺杆不同，挤出螺杆一般使用锥形双螺杆。辅机一般由模具、定型装置、冷却装置、牵引装置、切割装置等组成。

近年来市场上出现了共挤木塑产品，主要由芯层和共挤装饰层两层组成。芯层为常规聚烯烃基木塑或聚氯乙烯基木塑，共挤装饰层为ASA（由丙烯腈、苯乙烯、丙烯酸酯组成的三元共聚物）、PMMA（聚甲基丙烯酸甲酯）、沙林树脂或改性聚乙烯基木塑。共挤木塑产品在制备过程中需要增加一台或多台共挤挤出机，使用具有一定长径比的单螺杆（图 3-27）。芯层木塑物料加入主机的料斗

图 3-27 共挤木塑挤出系统

中，经过锥双螺杆挤出，物料到达共挤专用模具。共挤层物料和黑色母或其他色母粒共混后加入共挤挤出机中高温挤出，共挤层物料经过共挤模具，包覆芯层木塑物料，同时色母粒在共挤层中形成木质纹理。为了增加共挤木塑表面的凹凸木纹质感，在共挤模具前端往往需要增加一个在线压花机。共挤木塑从模具中挤出后，物料的温度较高，具有一定柔软性，经过在线压花机上下木纹辊的热压，木塑表面形成凹凸质感的木纹。

表 3-11～表 3-13 为 PE 基木塑外墙板、PE 基共挤木塑外墙板和 PVC 基发泡木塑室内墙板的挤出工艺参数。

**表 3-11　PE 基木塑外墙板挤出工艺参数**　　单位：℃

| 一区温度 | 二区温度 | 三区温度 | 四区温度 | 合流芯温度 |
|---|---|---|---|---|
| 190～200 | 185～195 | 160～175 | 140～160 | 140～150 |
| 模具一区温度 | 模具二区温度 | 模具三区温度 | 模具四区温度 | |
| 165～180 | 165～180 | 165～180 | 165～180 | |

**表 3-12　PE 基共挤木塑外墙板挤出工艺参数**　　单位：℃

| 一区温度 | 二区温度 | 三区温度 | 模具一区温度 |
|---|---|---|---|
| 165～170 | 190～200 | 190～200 | 170～175 |
| 模具二区温度 | 模具三区温度 | 模具四区温度 | |
| 160～165 | 155～165 | 155～165 | |

**表 3-13　PVC 基发泡木塑室内墙板挤出工艺参数**　　单位：℃

| 一区温度 | 二区温度 | 三区温度 | 四区温度 |
|---|---|---|---|
| 165～170 | 165～170 | 165～170 | 165～170 |
| 合流芯温度 | 模具一区温度 | 模具二区温度 | 模具三区温度 |
| 150～160 | 145～170 | 145～170 | 145～170 |
| 模具四区温度 | 模具五区温度 | 模具六区温度 | |
| 145～170 | 145～170 | 145～170 | |

(5) 表面处理

表面处理即通过物理或化学方法在木塑表面形成具有某种性质或质感的表层。表面工艺包括砂光、压花、拉丝、覆膜等（图 3-28、图 3-29）。

图 3-28　砂光机

图 3-29　覆膜机

木塑经过挤出工艺后，表面形成一层很薄的塑料结皮层，较为光滑，具有一定的塑料质感。砂光处理是指通过砂光机的砂带将木塑塑料结皮层去除，露出具有一定粗糙度的木塑层，表层的生物质纤维赋予木塑的木质感。

砂光后的木塑制品为了增强立体的木纹质感，一般需通过压花处理。压花机主要装置是圆辊，圆辊上面是激光雕刻的木纹纹理，木塑制品通过加热的圆辊时，与圆辊上凸出纹理接触的表面会变软，形成塑料结皮层，从而表面形成具有一定深浅的立体木纹。

木塑制品可以通过拉丝机的铜制拉丝辊处理后，形成深浅不一类似浮雕效果的木纹。

室内用的聚氯乙烯基木塑复合材料需要做覆膜处理，将基材通过覆膜机，表面均匀涂布环保胶黏剂，再将装饰薄膜粘贴在木塑表面。

由于切割和包装工序较为简单，因此本章节不做介绍。

#### 3.3.1.4 技术质量要求

（1）原材料

主要原材料性能要求见表 3-14。

**表 3-14 主要原材料性能要求**

| 序号 | 项目 | | 单位 | 指标 |
|---|---|---|---|---|
| 1 | 塑料 | 熔融指数 | g/10min | 0.15～1.5 |
| 2 | | 灰分 | % | ≤5 |
| 3 | | 颜色 | — | 与样本色一致，且同批次无明显色差 |
| 4 | | 韧性 | — | 用手掰不容易折断 |
| 5 | 木粉 | 含水率 | % | ≤10 |
| 6 | | 灰分 | | ≤5 |
| 7 | | 粒径 | 目 | 60～80 |
| 8 | | 颜色 | — | 与样本色一致，且同批次无明显色差 |
| 9 | | 气味 | — | 无刺激性气味 |

（2）成品

① 外观

a. 正面外观要求：不允许有裂纹、鼓包、鼓泡、边角缺损、非工艺性凹凸、打磨不完整、压花不清晰、共挤层分层、覆膜缺胶等现象。每平方米允许两处不明显划痕、一处不明显压痕，每米允许 1 个不足 $4mm^2$ 的杂质。

b. 其他面外观要求：背面和侧面均无明显非工艺性凹凸不平，无裂纹、鼓包、鼓泡，无边角缺损。端面和空腔内不允许有塑化不良的塑料颗粒，无裂纹、鼓包、鼓泡，无缺料，允许有轻微切割边角破损。

② 形状尺寸　木塑复合板形状尺寸见表 3-15。

**表 3-15　木塑复合板形状尺寸要求**

| 序号 | 项目 | | 单位 | 指标 |
|---|---|---|---|---|
| 1 | 长度 | | mm | 允许偏差±2.0 |
| 2 | 宽度 | <200 | | 允许偏差±1.5 |
| | | ≥200 | | 允许偏差±1.8 |
| 3 | 厚度 | <25 | | 允许偏差±1.0 |
| | | ≥25 | | 允许偏差±1.5 |
| 4 | 拼装离缝 | | | ≤0.3 |
| 5 | 拼装高度差 | | | ≤0.1 |
| 6 | 平整度 | | | ≤2.0 |
| 7 | 直角度 | | | ≤0.5 |
| 8 | 边缘直度 | | mm/m | ≤1.0 |
| 9 | 扭曲度 | | | ≤1.5 |
| 10 | 翘曲度 | | | ≤3.0 |

③ 理化性能　木塑复合板理化性能要求见表 3-16。

**表 3-16　木塑复合板理化性能要求**

| 序号 | 项目 | | 单位 | 指标 | | |
|---|---|---|---|---|---|---|
| | | | | 一级 | 二级 | 三级 |
| 1 | 集中载荷(室外地板) | | N | ≥5500 | ≥4000 | ≥3200 |
| 2 | 弯曲强度 | 室外用 | MPa | ≥45 | ≥30 | ≥23 |
| | | 室内用 | | ≥28 | ≥23 | ≥18 |

续表

| 序号 | 项目 | | 单位 | 指标 | | |
|---|---|---|---|---|---|---|
| | | | | 一级 | 二级 | 三级 |
| 3 | 弯曲弹性模量 | 室外用 | MPa | ≥4000 | ≥2500 | ≥1800 |
| | | 室内用 | | ≥2000 | ≥1500 | ≥1000 |
| 4 | 无缺口抗冲击强度 | 室外用 | $kJ/m^2$ | ≥10 | ≥7 | ≥4 |
| | | 室内用 | | ≥10 | ≥8 | ≥6 |
| 5 | 热变形温度(室外用) | | ℃ | ≥90 | ≥70 | ≥60 |
| 6 | 老化性能(2000h老化后弯曲强度) | | MPa | ≥36 | ≥24 | ≥18 |
| 7 | 老化性能(2000h老化后弯曲弹性模量) | | | ≥3200 | ≥2000 | ≥1400 |
| 8 | 燃烧性能等级 | 室外用 | — | 不应低于$B_2$级 | | |
| | | 室内用 | | 不应低于$B_1$级 | | |
| 9 | 吸水率 | 室外用 | % | ≤1.0 | | |
| | | 室内用 | | ≤3.0 | | |
| 10 | 尺寸稳定性 | | % | ≤1.5 | | |
| 11 | 抗冻融性能(弯曲破坏载荷保留率) | | | ≥80 | | |
| 12 | 线性膨胀系数 | | $\times10^{-5}℃^{-1}$ | ≤7 | | |
| 13 | 常温落球冲击(室外地板) | | — | 凹坑直径≤12mm | | |
| 14 | 低温落锤冲击(室外地板) | | — | −10℃无裂纹 | | |

④ 有害物质限量　木塑复合板有害物质限量见表3-17。

**表3-17　木塑复合板有害物质限量**

| 序号 | 项目 | | 单位 | 指标 |
|---|---|---|---|---|
| 1 | 甲醛释放量 | | $mg/m^3$ | ≤0.050 |
| 2 | 总挥发性有机物(TVOC)(72h) | | $mg/(m^2\cdot h)$ | ≤0.50 |
| 3 | 重金属含量 | 可溶性铅 | mg/kg | ≤50 |
| | | 可溶性镉 | | ≤40 |
| | | 可溶性铬 | | ≤35 |
| | | 可溶性汞 | | ≤35 |

## 3.3.2 纸面石膏板

纸面石膏板（图 3-30）是以建筑石膏为主要原料，掺入适量纤维增强材料和外加剂等，在与水搅拌后，浇筑于护面纸的面纸与背纸之间，并与护面纸牢固地黏结在一起的建筑板材。按照功能可分为：普通纸面石膏板、耐水纸面石膏板、耐火纸面石膏板、耐水耐火纸面石膏板等。耐水和耐火功能可通过添加无机耐火纤维以及耐水外加剂来实现。当需要将纸面石膏板作为装饰材料使用时，可在纸面石膏板的表面通过涂覆、压花、贴膜等工艺处理。

纸面石膏板的技术质量要求如下。

（1）外观

表面应平整，不应有影响装饰和使用的划痕、破损、污渍、裂纹、波纹、沟槽、色彩不均、图案不完整等缺陷。

（2）形状尺寸

纸面石膏板形状尺寸要求见表 3-18。

**表 3-18 纸面石膏板形状尺寸要求**

| 序号 | 项目 | 单位 | 指标 |
| --- | --- | --- | --- |
| 1 | 长度 | mm | 尺寸偏差±2 |
| 2 | 宽度 | | 尺寸偏差±2 |
| 3 | 厚度 | | 尺寸偏差±0.5 |

（3）理化性能

纸面石膏板理化性能要求见表 3-19。

**表 3-19 纸面石膏板理化性能要求**

| 序号 | 项目 | 单位 | 指标 |
| --- | --- | --- | --- |
| 1 | 抗冲击性 | — | 背面无径向裂纹 |
| 2 | 断裂载荷(横向) | N | ≥200 |
| 3 | 护面纸与石膏芯黏结 | — | 良好,石膏芯不应裸露 |

## 3.3.3 饰面纤维水泥板

饰面纤维水泥板（图 3-31）是以水泥、硅质材料、增强纤维等为主要材料，经成型、高温高压蒸汽养护，并经涂饰等工艺制备而成，集装饰性和功能性于一体的新型环保节能板材。饰面纤维水泥板由于长期暴露在紫外线、雨水等恶劣环境中，为了防止表面涂料变色、粉化、剥落，必须采用耐候性好的涂料，一般为硅丙烯涂料或丙烯氨基甲酸乙酯涂料等。饰面纤维水泥板的表面有一层氢氧基团，可吸附空气中的水分子，在表面形成一层水分子薄膜，空气中的污物容易沾附在水分子薄膜上，当下雨时污物可随雨水一起冲走，起到自清洁作用。

饰面纤维水泥板除了满足常规纤维水泥板的技术要求外（见本书 3.2.2 节），外观还需要无工艺性色差，涂层无剥落、粉化等现象。

图 3-30　纸面石膏板

图 3-31　饰面纤维水泥板

## 3.4　屋面材料

轻钢房屋主要使用的屋面瓦包括树脂瓦、彩石金属瓦和沥青瓦，其中沥青瓦使用较为广泛。

### 3.4.1　树脂瓦

树脂瓦（图 3-32）是以 PVC 树脂为中间层和底层，丙烯酸类树脂为表面层，通过共挤出制备制成各种形状的屋面瓦。其中表面丙烯酸类树脂一般用 ASA 或 PMMA。

树脂瓦的技术质量要求如下。

（1）外观

表面应平整，颜色均匀，无孔洞、明显麻点、裂口、裂纹、起鼓、凹坑等缺陷。

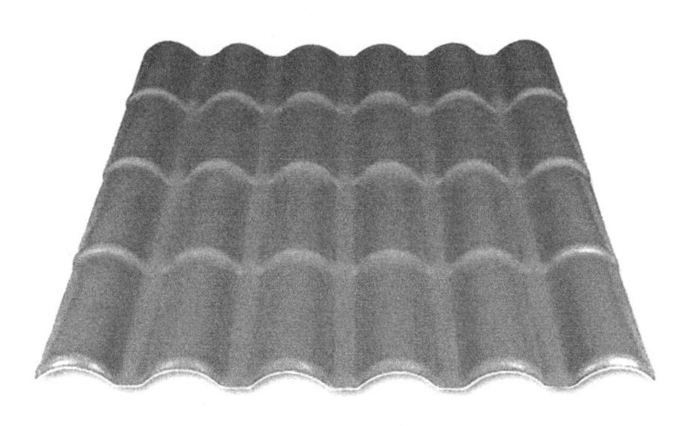

图 3-32　树脂瓦

（2）形状尺寸

树脂瓦的形状尺寸要求见表 3-20。

**表 3-20　树脂瓦的形状尺寸要求**

| 序号 | 项目 | 单位 | 指标 |
|---|---|---|---|
| 1 | 长度 | mm | 允许偏差±30 |
| 2 | 宽度 | | 允许偏差±10 |
| 3 | 厚度 | | ≥2.8 |
| 4 | 表面层厚度 | | ≥0.15 |

（3）理化性能

树脂瓦的理化性能要求见表 3-21。

**表 3-21　树脂瓦的理化性能要求**

| 序号 | 项目 | | 单位 | 指标 |
|---|---|---|---|---|
| 1 | 加热后尺寸变化率 | | % | ≤2.0 |
| 2 | 加热后状态 | | — | 无气泡、裂纹、麻点、分层 |
| 3 | 落锤冲击 | | — | 试样的破裂个数不应超过 1 个 |
| 4 | 承载性能 | | N | 挠度为跨距 3%时，≥800 |
| 5 | 耐应力开裂 | | — | 无裂纹和分层 |
| 6 | 氧指数 | | % | ≥32 |
| 7 | 老化性能(10000h) | 外观 | — | 无龟裂、粉化、斑点 |
| | | 色差 | — | ≤5 |
| | | 冲击强度保留率 | % | ≥60 |

## 3.4.2 彩石金属瓦

彩石金属瓦（图 3-33）是以热镀铝锌钢板等金属板材为基材，通过胶黏剂与彩石颗粒复合而成的新型屋面瓦。彩石颗粒是由一定粒径的玄武岩等矿物经破碎、高温烧结着色等工艺加工而成，或由天然彩石经破碎制备而成。彩石颗粒有多种颜色可选，且不易褪色，其最大优点是能降低雨水冲击金属瓦带来的噪声。此外彩石金属瓦还具有轻巧、环保、耐候、防水等优点。

图 3-33 彩石金属瓦

彩石金属瓦的技术质量要求如下。

(1) 外观

表面无裂纹、无剥落，色泽均匀，彩石颗粒覆盖均匀，基板切口平滑无毛刺。

(2) 形状尺寸

彩石金属瓦形状尺寸要求见表 3-22。

**表 3-22 彩石金属瓦形状尺寸要求**

| 序号 | 项目 | 单位 | 指标 |
|---|---|---|---|
| 1 | $L(b)\geqslant350$mm | mm | 允许偏差±6 |
|  | 250mm$\leqslant L(b)<350$mm |  | 允许偏差±5 |
|  | 200mm$\leqslant L(b)<250$mm |  | 允许偏差±4 |
|  | $L(b)<200$mm |  | 允许偏差±3 |
| 2 | 金属基板 $h$ |  | 允许偏差±0.02 |

注：$L$—长度；$b$—宽度；$h$—厚度。

(3) 理化性能

彩石金属瓦理化性能要求见表 3-23。

**表 3-23 彩石金属瓦理化性能要求**

| 序号 | 项目 | 单位 | 指标 |
|---|---|---|---|
| 1 | 耐冲击性能 | — | 无裂纹 |
| 2 | 承载性能 | N | 挠度为跨距 3%时，承载力应≥1200 |
| 3 | 燃烧性能 | — | 不低于 $B_1$ 级 |

续表

| 序号 | 项目 | 单位 | 指标 |
| --- | --- | --- | --- |
| 4 | 耐酸、碱、水 | — | 无起泡、无裂纹、无起层 |
| 5 | 耐盐雾性 | — | 无起泡、无剥落、无生锈 |
| 6 | 耐热性能 | — | 无起泡、无裂纹、无起层、无皱皮 |
| 7 | 耐冻融循环 | — | 无起泡、无裂纹、无剥落、无掉粉及明显变色 |
| 8 | 耐人工气候老化性能 | — | 无起泡、无裂纹、无起层、无剥落、无明显变色 |

## 3.4.3 沥青瓦

沥青瓦（图 3-34）是以玻璃纤维毡为胎体，经浸涂沥青后，一面覆盖彩色矿物颗粒，另一面覆盖隔离材料所制成的瓦状屋面防水片材，其具有良好的防水和装饰性能，款式多样，色彩丰富，质轻面细，施工简便等优点。

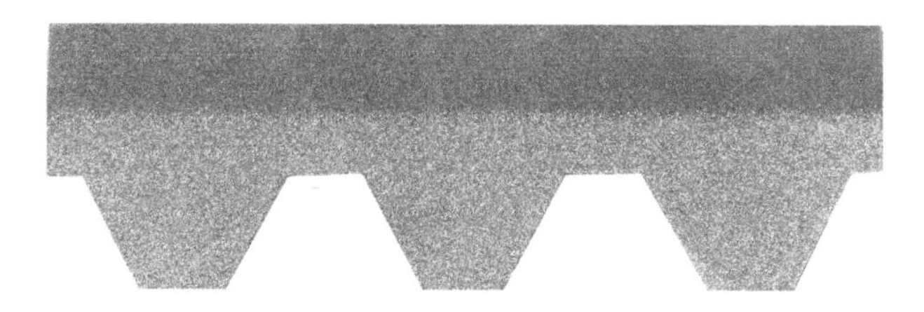

图 3-34　沥青瓦

沥青瓦的技术要求如下。

(1) 外观

表面应无孔洞、未切齐的边、裂口、裂纹、起鼓、凹坑等缺陷。表面不应有胎基外露，矿物颗粒应均匀。

(2) 形状尺寸

沥青瓦的形状尺寸见表 3-24。

**表 3-24　沥青瓦的形状尺寸要求**

| 序号 | 项目 | 单位 | 指标 |
| --- | --- | --- | --- |
| 1 | 长度 | mm | 允许偏差±3 |
| 2 | 宽度 | | 允许偏差−3～5 |
| 3 | 厚度 | | ≥2.6 |

（3）理化性能

沥青瓦的理化性能要求见表 3-25。

**表 3-25　沥青瓦的理化性能要求**

| 序号 | 项目 | | 单位 | 指标 |
|---|---|---|---|---|
| 1 | 拉力 | 纵向 | N/50mm | ≥600 |
| | | 横向 | | ≥400 |
| 2 | 人工气候加速老化 | 外观 | — | 无气泡、渗油、裂纹 |
| | | 色差 | | $\Delta E \leqslant 3$ |
| | | 柔度（12℃） | | 无裂纹 |
| 3 | 自粘胶耐热度 | 50℃ | — | 发黏 |
| | | 75℃ | | 滑动≤2mm |
| 4 | 耐热度（90℃） | | — | 无气泡、流淌、滑动、滴落 |
| 5 | 柔度（10℃） | | — | 无裂纹 |
| 6 | 撕裂强度 | | N | ≥9 |
| 7 | 耐钉子拔出性能 | | | ≥75 |
| 8 | 不透水性（2m 水柱，24h） | | — | 不透水 |
| 9 | 抗风揭性能（97km/h） | | — | 通过 |
| 10 | 燃烧性能 | | — | 不低于 $B_2$ |

# 3.5　保温隔热隔声材料

## 3.5.1　岩棉板

岩棉板（图 3-35）是利用玄武岩、白云石等为主要原材料，经过高温熔融后，由高速离心设备制成人造无机纤维，同时加入粘接剂、防尘油等，经固化切割成不同规格的板材。岩棉板具有优良的保温、隔声、防火等特性，主要用于轻钢房屋的外墙外保温，常用岩棉板的密度为 60～200kg/m$^3$。

岩棉板的技术质量要求如下。

图 3-35　岩棉板

(1) 外观质量

表面平整，不应有破损、伤痕等缺陷。

(2) 形状尺寸

岩棉板的形状尺寸要求见表 3-26。

**表 3-26　岩棉板的形状尺寸要求**

| 序号 | 项目 | 单位 | 指标 |
|---|---|---|---|
| 1 | 长度 | mm | 允许偏差－3～10 |
| 2 | 宽度 | | 允许偏差－3～5 |
| 3 | 厚度 | | 允许偏差±3 |
| 4 | 平整度偏差 | | ≤6 |
| 5 | 直角偏离度 | mm/m | ≤5 |
| 6 | 密度偏差 | % | ±10 |

(3) 理化性能

岩棉板的理化性能要求见表 3-27。

**表 3-27　岩棉板的理化性能要求**

| 序号 | 项目 | 单位 | 指标 |
|---|---|---|---|
| 1 | 体积吸水率(全浸) | % | ≤5.0 |
| 2 | 质量吸湿率 | | ≤1.0 |

续表

| 序号 | 项目 | 单位 | 指标 |
| --- | --- | --- | --- |
| 3 | 热导率 | W/(m·K) | ≤0.040 |
| 4 | 垂直于表面的抗拉强度 | kPa | ≥15 |
| 5 | 压缩强度 | kPa | ≥20 |
| 6 | 燃烧性能 | — | $A_1$ 级 |

## 3.5.2 玻璃棉

玻璃棉（图 3-36）是采用石英砂、石灰石、白云石、纯碱等为主要原料，在融化状态下，加工成絮状玻璃纤维，将熔融玻璃纤维化，经固化、定型、切割等工序加工而成。玻璃棉具有良好的保温、隔声性能，可用于轻钢房屋墙体结构中间的填充材料。玻璃棉的最高使用温度约为 260℃，密度一般为 10～80kg/m$^3$。

图 3-36 玻璃棉

玻璃棉的技术质量要求如下。

（1）外观

表面平整，不应有破损、伤痕等缺陷，外覆层与基材应粘贴牢固。

（2）形状尺寸

玻璃棉的形状尺寸要求见表 3-28。

**表 3-28 玻璃棉的形状尺寸要求**

| 序号 | 项目 | 单位 | 指标 |
| --- | --- | --- | --- |
| 1 | 长度 | mm | 不允许负偏差 |
| 2 | 宽度 | | 允许偏差－3～10 |
| 3 | 厚度 | | 不允许负偏差 |
| 4 | 密度偏差 | % | －10～20 |

（3）理化性能

玻璃棉的理化性能要求见表 3-29。

表 3-29 玻璃棉的理化性能要求

| 序号 | 项目 | 单位 | 指标 |
| --- | --- | --- | --- |
| 1 | 质量吸湿率 | % | ≤5.0 |
| 2 | 热导率 | W/(m·K) | ≤0.045 |
| 3 | 热阻 | $m^2$·K/W | ≥1.32 |
| 4 | 燃烧性能 | — | 不低于 $A_2$ 级 |

## 3.5.3 XPS板

在北方由于冬天寒冷，往往需要在结构面板上覆盖挤塑板（XPS）。挤塑板（图 3-37）是以聚苯乙烯树脂为主要原料，通过加热发泡挤塑压出成型而制成的硬质泡沫塑料板。其具有完美的闭孔蜂窝结构，使得挤塑板具有极低的吸水性、低热导率、高抗压性等优点，广泛用于建筑物保温体系。挤塑板的密度一般为 25～45kg/$m^3$，可在轻钢房屋外墙和内墙各增加一层挤塑板，也可以只在外墙或内墙增加一层挤塑板。

图 3-37 XPS板

XPS板的技术质量要求如下。

（1）外观

表面平整，无杂物，颜色均匀，不应有影响使用的破损、伤痕、起泡等缺陷。

（2）形状尺寸

XPS板的形状尺寸要求见表 3-30。

表 3-30 XPS板的形状尺寸要求

| 序号 | 项目 | 单位 | 指标 |
| --- | --- | --- | --- |
| 1 | 长度 | mm | 允许偏差±2.0 |
| 2 | 宽度 | | 允许偏差±1.0 |
| 3 | 厚度 | | 允许偏差 0～2.0 |
| 4 | 板面平整度 | | ≤2 |
| 5 | 对角线差 | | ≤3 |

(3) 理化性能

XPS板的理化性能要求见表3-31。

**表3-31 XPS板的理化性能要求**

| 序号 | 项目 | 单位 | 指标 |
|---|---|---|---|
| 1 | 尺寸稳定性 | % | ≤1.2 |
| 2 | 水蒸气透湿系数 | ng/(Pa·m·s) | 3.5～1.5 |
| 3 | 垂直于板面的抗拉强度 | MPa | ≥0.20 |
| 4 | 压缩强度 | | ≥0.20 |
| 5 | 热导率 | W/(m·K) | ≤0.032 |
| 6 | 氧指数 | % | ≥26 |
| 7 | 燃烧性能 | — | 不低于$B_2$级 |

# 3.6 其他材料

除了上述主要材料外，轻钢房屋还需要使用如下材料：螺钉、连接件、铝合金配件、呼吸纸、防水卷材等。

## 3.6.1 螺钉

根据连接部件的不同，轻钢房屋组装主要使用以下几种螺钉：钻尾螺栓、自攻螺钉、膨胀螺栓、化学螺栓等（图3-38～图3-41）。

图3-38 钻尾螺栓

图3-39 自攻螺钉

图 3-40　膨胀螺栓

图 3-41　化学螺栓

钻尾螺栓主要由钻头、螺纹、螺帽组成，在连接时无需预先钻孔，适用于轻钢龙骨之间以及轻钢龙骨和其他材料之间的连接。常用的轻钢房屋钻尾螺栓的螺纹直径在 3.5～6.3mm 之间，长度在 12～76mm 之间。钻尾螺栓规格的选择原则是螺栓长度应超过被连接部件 3 个螺纹，钻头段的长度应和被钻轻钢龙骨的总厚度等长或稍长。

自攻螺钉带有尖头，无需预钻孔，在轻钢房屋的组装中主要用于内外墙板、地板等非金属部件之间的连接。

膨栓螺栓由膨胀管、螺杆、螺母、垫片组成，其中膨胀管的一部分有若干切口。膨胀螺栓主要用于轻钢房屋的围栏、立柱、廊架等安装。

化学螺栓由化学胶管、螺杆、垫圈、螺母组成。化学螺栓主要用于轻钢房屋中的抗拉拔件和混凝土的连接。

## 3.6.2　连接件

轻钢房屋在组装时需要用到许多连接件，如外墙板不锈钢卡扣、内墙板不锈钢卡扣、水平连接件、直角连接件、左右角三向连接件、拉带紧固件、抗风拉带、抗拉拔件等（图 3-42～图 3-49）。

图 3-42　外墙板不锈钢卡扣

图 3-43　内墙板不锈钢卡扣

图 3-44　水平连接件

图 3-45　直角连接件

图 3-46　左右角三向连接件

图 3-47　拉带紧固件

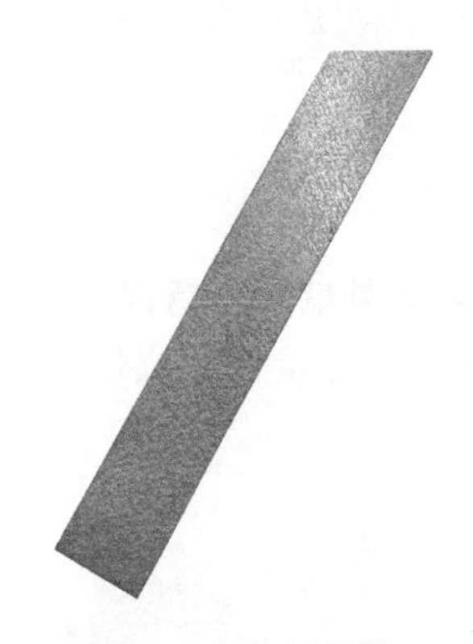

图 3-48　抗风拉带

图 3-49　抗拉拔件

## 3.6.3　铝合金配件

轻钢房屋的外墙板、屋檐的安装过程中可使用如下配件：铝合金起始板、铝合金腰线、铝合金腰线盖板、铝合金直角阳角线、铝合金直角阴角线、铝合金封檐板、铝合金封檐板吊顶线等（图 3-50～图 3-56）。

图 3-50 铝合金起始板

图 3-51 铝合金腰线

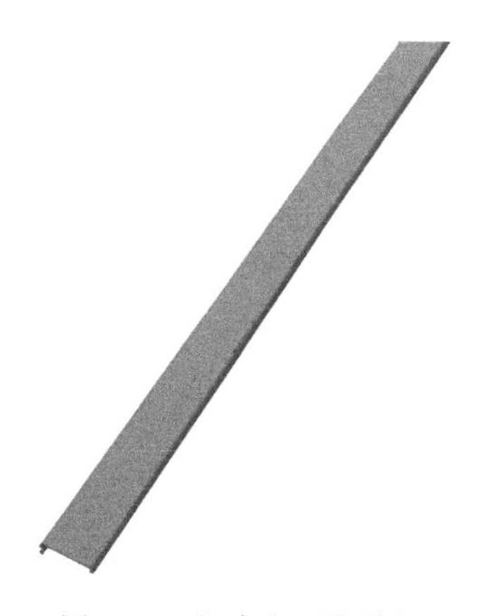

图 3-52 铝合金腰线盖板

图 3-53 铝合金直角阳角线

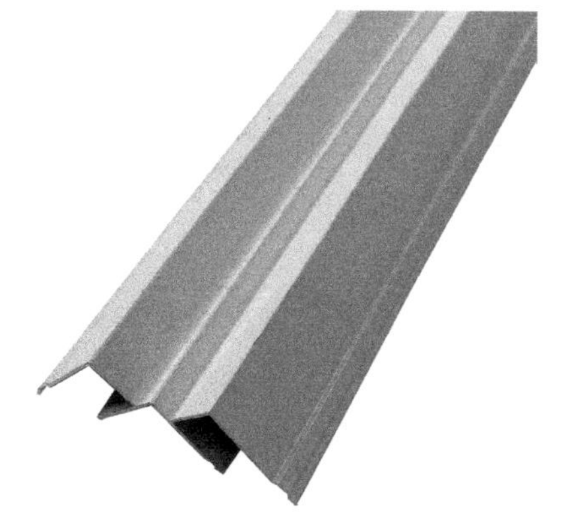

图 3-54 铝合金直角阴角线

图 3-55 铝合金封檐板

图 3-56 铝合金封檐板吊顶线

铝合金配件需要满足一定的技术指标，如表 3-32 所示。

**表 3-32 铝合金配件的技术要求**

| 序号 | 项目 | 单位 | 指标 |
|---|---|---|---|
| 1 | 外观 | — | 表面无裂纹、气泡、起皮等 |
| 2 | 壁厚 | mm | 允许偏差±0.15 |
| 3 | 漆膜硬度 | H | ≥3 |
| 4 | 漆膜附着性 | 级 | 0 |
| 5 | 耐候性 | — | 粉化等级为 0 级，光泽保持率≥75%，色差≤3.0 |

## 3.6.4 呼吸纸

在岩棉板或挤塑板外面需要增加一层防水透气膜（也叫呼吸纸，如图 3-57 所示），这是一种特殊的高分子材料，其表面具有极其细小的微孔结构。由于水滴的直径约为 20μm，而水蒸气分子直径仅为 0.4nm，两者直径有巨大差异，根据浓度梯度扩散原理，水蒸气能够自由通过微孔，而雨水或水滴因为其表面张力作用不能通过微孔。呼吸纸能提供良好的水和空气的隔离与水蒸气透过的平衡调节，可避免外面的雨水渗入墙壁，同时让建筑内部的湿气得以从墙体中散逸到室外，有效避免了霉菌和冷凝水在室内墙体上的生成。

呼吸纸需要满足如表 3-33 所示技术指标。

图 3-57 呼吸纸

表 3-33 呼吸纸的技术要求

| 序号 | 项目 | 单位 | 指标 |
|---|---|---|---|
| 1 | 水蒸气透过量 | $g/m^3$,24h | 1000～2500 |
| 2 | 不透水性 | mm | 1500～3000 |
| 3 | 拉力(纵向) | N/50mm | ≥150 |
| 4 | 断裂伸长率 | % | ≥40 |
| 5 | 撕裂性能 | N | ≥80 |
| 6 | 热空气老化拉力保留率(纵向) | % | ≥80 |

## 3.6.5 防水卷材

防水卷材（图 3-58）是将沥青或高分子材料浸渍在胎体上制作而成的防水材料。根据主要材料不同，防水卷材可分为沥青防水卷材、高聚物改性沥青防水卷材、高分子防水卷材等。根据胎体不同又可分为无胎体防水卷材、纸胎防水卷材、玻璃纤维胎防水卷材、玻璃布胎防水卷材、聚乙烯胎防水卷材等。

在轻钢房屋中常用自粘橡胶沥青防水卷材，主要用于屋面、露台等部位。此种防水卷材是以 SBS 等弹性体沥青为基料，以聚乙烯、铝箔为表面材料或无膜，采用防粘隔离层的自粘防水卷材。该卷材具有很强的黏结强度，良好的耐酸碱及化学介质腐蚀性，施工简便，无需烘烤。

防水卷材种类不同，则相应的技术质量要求也不同。本小节仅列出自粘沥青防水卷材的技术要求，见表 3-34。

图 3-58　防水卷材

**表 3-34　自粘沥青防水卷材的技术要求**

| 序号 | 项目 | | 单位 | 指标 |
|---|---|---|---|---|
| 1 | 耐热度(80℃,加热 2h) | | — | 无气泡、无滑动 |
| 2 | 柔度 | | — | 无裂纹 |
| 3 | 拉力 | | N/50mm | ≥100 |
| 4 | 断裂伸长率 | | % | ≥200 |
| 5 | 剥离性能 | | N/mm | ≥1.5 或黏合面外断裂 |
| 6 | 剪切性能 | | N/mm | ≥2.0 或黏合面外断裂 |
| 7 | 抗穿孔性 | | — | 不渗水 |
| 8 | 不透水性(0.2MPa,120min) | | — | 不透水 |
| 9 | 人工老化性能 | 外观 | — | 无裂纹、无气泡 |
| | | 拉力保留率 | % | ≥80 |
| | | 柔度 | — | 无裂纹 |

注：表面材料为铝箔。

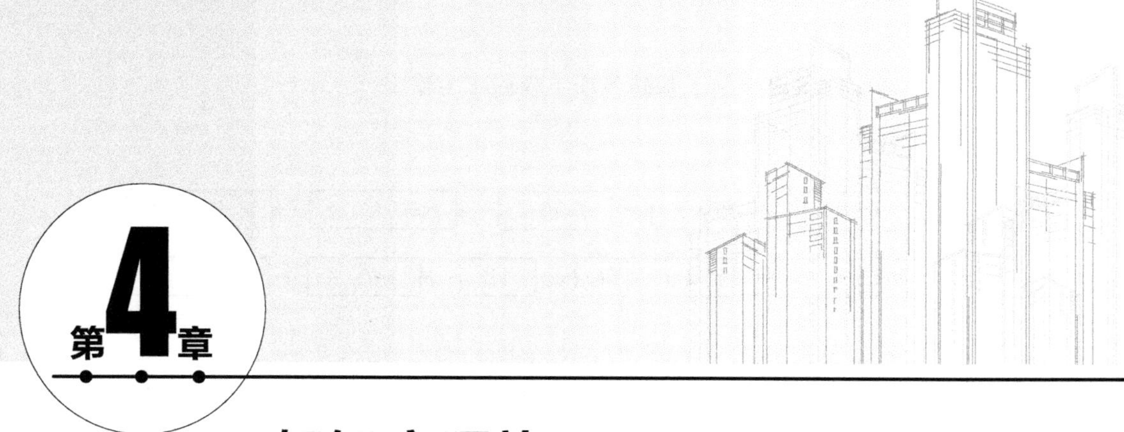


# 轻钢房屋施工

与传统混凝土、砖混等结构房屋相比，轻钢房屋具有施工相对简单，施工周期较短，对工人技术要求不高等特点。本章主要介绍了轻钢房屋各部分的施工规范，包括基础、墙体、楼面、楼梯、屋面、吊顶、门窗、卫生间和户外设施等，重点介绍各部分的施工工艺。轻钢房屋的结构、内装、外装都有多种方案可供选择，每种方案的施工工艺会存在差异，本书仅选择一些常见的施工方案进行介绍。

## 4.1 基础施工

（1）技术准备

熟悉和审查施工图纸，确保图纸相互之间无错误。收集和了解施工现场各项资料，包括地形地貌、水文地质、气象、基础与周围地下设施管线的关系等。做好技术、环境、安全交底。

（2）材料准备

水泥、砂石、水、各种添加剂、钢筋、钢丝、建筑模板、各种管道、预埋件等。

（3）施工工具

红外线水平仪、塔尺、夯机、筛子、挖掘机、推土机、铲运机、平板振动器、混凝土搅拌车、墨盒、铁锹等。

（4）作业条件

场地原有的建筑物、垃圾等障碍物已基本清除，现场已初步勘察完毕，并已根据现场实际状况编制了基础各项工程施工方案。

(5) 施工流程

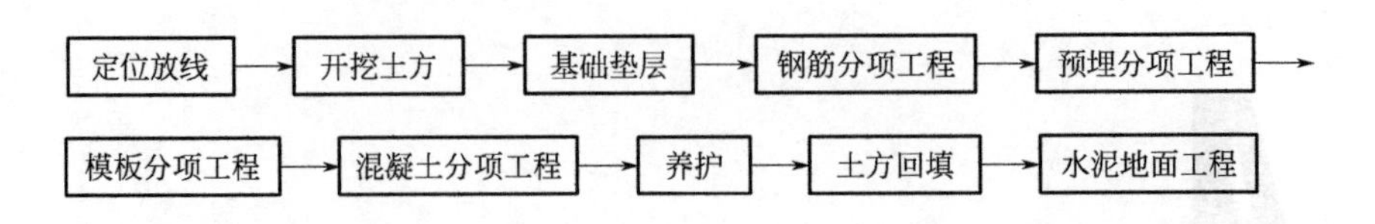


(6) 施工工艺

① 定位放线　检查施工图纸无误后可进行测量定位。定位方法有多种，其中常见的是根据与原有建筑物的关系或规划道路红线进行定位。在基础开挖范围以外钉设龙门桩和龙门板，再测设各轴线交点位置，并用木桩标定出来。龙门板和龙门桩一般距基槽（坑）1.5～2.0m，根据基础宽和放坡宽用白灰线撒出基槽（坑）边界线。

② 开挖土方　在开挖区周围设置挡水沟、排水沟以及采取集水井抽水等措施，阻止场外水流入施工现场，同时清理开挖场地的植被、表土、垃圾等。可采用人工或机械挖土，并卸土到指定区域。机械挖土过程中，当距离完成面还有100～200mm厚的土层时，停止机械挖掘，进行人工清理平整，复测标高及夯实素土。

③ 基础垫层　清理基槽中的浮土等杂质，测量好标高，做好标记，铺设标号不低于C15的混凝土垫层，其厚度一般为80～100mm，垫层面抹平。

④ 钢筋分项工程　清理基础垫层上的杂质，根据图纸上标注的尺寸在其上弹放钢筋位置线。通过调直、弯折、焊接等工艺制备所需的钢筋产品。按图纸要求绑扎钢筋，四周两行钢筋交叉点应每点绑扎牢固。中间部分交叉点可相隔交错扎牢，相邻绑扎点的钢丝扣成八字形，以免网片歪斜变形，在钢筋下面垫好砂浆垫块以保证钢筋的保护层厚度。若为双层钢筋，则两层钢筋之间需放置马凳筋，以确保上部钢筋的位置。钢筋弯钩、搭接、间距、保护层厚度等技术要求必须严格遵守施工规范（图4-1）。

⑤ 预埋分项工程　根据轴线定位出所需预埋的位置，用水准仪、塔尺控制预埋深度，将强电、弱电、给排水管、天然气管、新风管等各种管道预埋到相应位置，地脚螺栓等焊接在钢筋上。用铅丝将管道牢固地绑扎在钢筋上，避免浇筑混凝土时管道移位。管道离完成面的高度不低于200mm，外露管口做好封口，以防异物堵塞管道。

⑥ 模板分项工程　先放线定位，在放线位置钉好压脚板，再进行模板拼装。当模板采用胶合板时，在模板外侧垂直方向用木枋加劲，水平方向用多排钢管加劲，在两条钢管中间穿对拉螺栓锁紧。在模板安装过程中应校正平整度和垂直度，且插入预埋套管。安装完毕应检查结构是否牢固，模板拼缝是否严密。当拆

图 4-1 钢筋绑扎

除模板时，先拆除各种加劲件，再用撬棍轻轻撬动模板，将模板逐块取出堆放到指定位置。

⑦ 混凝土分项工程 将模板内的垃圾、泥土等杂物及钢筋上的油污清除干净，若使用木模板则应洒水润湿模板表面。购买符合设计要求的合格商品混凝土或现场搅拌混凝土，将混凝土用泵送或手推车等运送到施工地点进行浇筑，浇筑时间间隔不应超过 2h。使用插入式振捣器应快插慢拔，插点要均匀排列，逐点移动，顺序进行，不得遗漏，做到均匀振实。移动间距一般不超过 500mm，当表面呈现浮浆，无气泡和不再下沉时则可移动到下一个振点。振捣上一层时应将振动棒插入下层混凝土 50mm，从而使上下层混凝土结合为整体。

⑧ 养护 混凝土浇筑完毕后，应在 12h 内用塑料薄膜覆盖，并洒水养护，使养护期内混凝土表面始终保持润湿状态。混凝土的养护时间不得少于 7d，对掺用缓凝型外加剂或有抗渗要求的混凝土养护时间不得少于 14d。当天气温度低于 5℃时，不得浇水养护，并加强保温覆盖措施，防止混凝土受冻影响强度。

⑨ 土方回填 清除基底杂物，排除积水，验收标高。确认回填土的种类、粒径、含水率等是否达标，尽量使用原配土，当土方量不够时再根据实际情况选择合适的土方。将土方分层铺摊，每层铺土厚度应根据土质、压实密度、压实方法确定。根据现场状况选择合适的压实方法，如碾压法、夯实法、振动法等。填

方完毕后，表面应进行拉线找平，凡高于标高的地方，应及时铲平，凡低于标高的地方应补土夯实。

⑩ 水泥地面工程　在需要施工的室内外地面上弹好水平控制线，确保回填土夯实平整，浇筑混凝土垫层振实并抹平。根据面层标高控制线确定抹灰厚度，然后拉水平线开始抹灰饼（50mm×50mm），纵横间距1.5～2m，灰饼上表面为面层标高。铺设水泥砂浆，在灰饼间用木刮杠将水泥砂浆刮平，再将灰饼敲掉，用水泥砂浆填平。用木抹子搓平，再用铁抹子压光，最后养护。

(7) 注意事项

基槽（坑）的宽度应稍大于基础宽度，根据基础做法留出基础砌筑或支模板的操作面宽度，一般每侧为300～500mm。

应自上而下分层分段进行挖土，边挖边检查槽（坑）底宽度，及时修整。对于普通软土，每层挖土深度为300～600mm，而对于黏土、碎石类土等，每层挖土深度为150～200mm。

排水沟、集水井要始终比开挖面低300～500mm，当涌水量较大时，应采取人工降低地下水位措施。

开挖基槽（坑）时不得超过基底标高，若局部地方超挖时，应征求设计单位同意，用与基土相同的土补填，并夯实，也可用灰土或砂砾石等填补夯实。

雨季开挖时，基槽（坑）应分段开挖，每段验收后立即进行垫层施工，并在基槽（坑）两侧提前挖好排水沟，以防雨水流入基槽（坑）。必要时可适当减少边坡坡度或设置支撑，以防坑壁受水浸泡造成塌方。

冬季开挖时，应采取适当保温措施防止土层冻结，如预留松土层、覆盖草垫等保温材料。挖土要迅速，开挖完毕应立即进行垫层施工。

垫层施工时，混凝土铺设厚度以略高于上平标高为宜，振捣后用靠尺或拉线依据垫层上平控制点刮平。

钢筋加工过程中，拉直时应平直，无局部曲折。钢筋切断时，钢筋与切断机刀口要成垂线，断口不得有马蹄形或起弯等现象。钢筋弯曲成型形状正确，平面上没有翘曲不平现象。

梁的钢筋搭接长度末端与钢筋弯折处的距离不得小于钢筋直径的10倍，接头不宜位于构件最大弯矩处受拉区域内，Ⅰ级钢筋绑扎接头的末端应做弯钩，Ⅱ级钢筋可不做弯钩，搭接处应在中心和两端扎牢。

钢筋表面必须清洁无损伤，不得带有颗粒状或片状铁锈、裂纹、结疤、折叠、油渍和油漆等，防止钢筋和混凝土结合不牢固。

排水管预埋时注意找坡，严格控制标高，不得出现安装后排水管倒坡。

套管安装应尽量避免损坏钢筋，特别注意不能破坏预应力钢筋，若钢筋过密安装套管困难，需要割断钢筋时，需要与土建工程师商量，确定加强筋方案，取得设计同意后方可进行。

金属预埋件应做防锈防腐处理，施工中防护层被破坏应及时修补。在施工过程中应对塑料套管加强保护，严禁被损坏。

模板及支撑系统应连接成整体，对木模板纵横方向应加钉拉杆，采用钢管支撑时应扣成整体排架。

采用木模板施工时，经验收合格应及时浇筑混凝土，防止木模板长期日晒雨淋发生变形、损坏、发霉等现象。

条形基础梁侧向模板采用吊模施工方法，模板底部应增设有效支撑防止模板在混凝土浇捣过程中下陷，若混凝土从吊模板下翻上来，应在混凝土初凝前轻轻铲平。

模板需平整无翘曲，安装到位，支撑牢固，控制模板接缝宽度（木模≤3mm，钢模≤2mm），避免漏浆。模板与混凝土接触的表面应清理干净，并涂刷不影响混凝土结构性能的隔离剂。浇筑混凝土时应加强检查，若出现变形、松动、漏浆等异常现象则要及时整修加固。混凝土达到一定强度后方可拆模，并保证混凝土表面及棱角不受损伤。

混凝土浇筑应连续，若必须间歇操作，应尽量缩短时间，在前一层混凝土初凝前，将次层混凝土浇筑完毕。

浇筑混凝土时应派专人实时观察模板、钢筋、预埋件、预留孔洞等有无位移变形，若有问题应立即停止浇筑，并在已浇筑的混凝土初凝前修整完毕。

混凝土养护过程中，在强度未达到 C12 以前，严禁任何人在上面行走，不得做冲击性操作。混凝土强度达到设计值的 70%后才可以拆模。

回填土料需过筛，最大粒径不大于 50mm。碎石类土、砂土的最大粒径不得超过每层铺设厚度的 2/3。土料含水量一般以握手成团，落地散开为宜，当含水量过大或过小时，应采取适当措施使得含水率符合设计要求。

填方应在边缘设一定坡度，以保持填方稳定。填方边坡坡度应根据填方高度、土的种类等进行规定。

雨季回填时，应分段完成。雨前应压完已填土层，并形成一定坡度，以利于排水。

冬季回填时，对室内基槽（坑）和室外管沟底至顶 500mm 范围内，不得采用冻土块；对一般沟槽部位，冻土块含量不得超过回填总量 15%，且冻土块颗粒应小于 150mm 并均匀分布。

（8）技术要求

每道工序完工后均需检测，可参考相应规范标准，在此不赘述。本小节只列出基础完工后的一些关键技术指标，见表 4-1。

表 4-1 轻钢房屋基础施工技术要求

| 序号 | 项目 | 单位 | 要求 |
| --- | --- | --- | --- |
| 1 | 混凝土强度 | — | 不小于设计值 |
| 2 | 轴线位置 | mm | 允许偏差≤15 |
| 3 | 圈梁长度 | | 允许偏差±10 |
| 4 | 圈梁宽度 | | 允许偏差±3 |
| 5 | 房屋对角线 | | 允许偏差≤10 |
| 6 | 基础顶面标高 | | 允许偏差±15 |
| 7 | 圈梁上泛水条水平度 | | ≤3 |
| 8 | 室外散水坡低于室内地面 | | ≥240 |

# 4.2 墙体施工

(1) 技术准备

熟悉和审查施工图纸，做好技术、环境、安全交底。

(2) 材料准备

轻钢龙骨、膨胀螺栓、化学膨胀螺栓、自攻螺钉、钻尾螺栓、OSB板、纤维水泥板、压型钢板、挤塑板、玻璃棉、岩棉、呼吸纸、石膏板、木塑集成墙板、木塑外墙板、抗拉拔件、橡胶垫、防水卷材等。

(3) 施工工具

红外线水平仪、手电钻、切割锯、卷尺、墨盒、手套等。

(4) 作业条件

基础已经养护完毕，基础上的灰尘、垃圾、杂物等已被清除。

(5) 施工流程

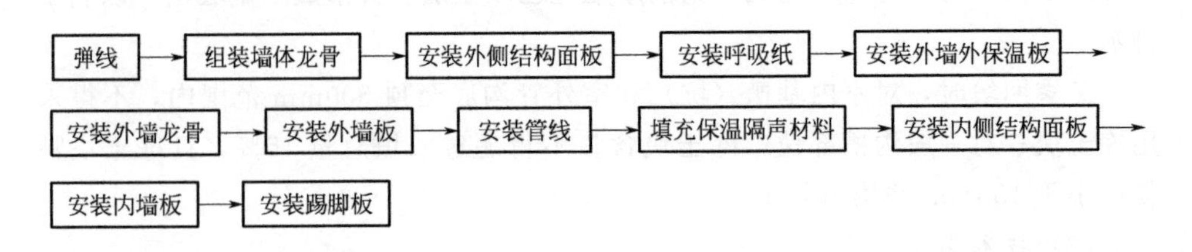


(6) 施工工艺

① 弹线　根据设计图纸在基础梁上弹线，沿着墨线铺设橡胶垫或沥青防水

卷材，橡胶垫厚度不应小于1mm，其宽度不应小于墙体底导梁的宽度。

② 组装墙体龙骨　轻钢墙体龙骨组装有两种方法：预装法和直接安装法，较为常见的是预装法。

预装法是将一片墙体所需龙骨全部放在平整的台面或地面上，按照图纸上的编号进行预拼装，再用螺钉将各龙骨连接起来。将一片墙体龙骨竖起来，放置在基础梁的橡胶垫上或楼板桁架的端部，并通过地脚螺栓、膨胀螺栓、化学螺栓或抗拉拔件等将其与基础或楼板桁架连接。

直接安装法是不对龙骨进行预拼装，按照图纸编号，将相应的底导梁用地脚螺栓、膨胀螺栓、化学螺栓或抗拉拔件等固定在基础或楼板桁架上，将竖龙骨和底导梁用螺钉连接，再分别将横龙骨、顶导梁和竖龙骨连接。

轻钢龙骨墙体用线锥吊线校正垂直度，并在墙体上安装拉条、撑杆等构件。在需要壁挂空调、热水器、电视机、吊柜、抽油烟机等位置安装加固件（图4-2），加固件主要是OSB板、木条、胶合板和钢板等。

图4-2　安装加固件

③ 安装外侧结构面板　在外墙的外侧面用钻尾螺栓将结构面板如OSB板、纤维水泥板或压型钢板和轻钢龙骨相连。

④ 安装呼吸纸　在外墙外侧面和其他有防水要求的墙面安装呼吸纸。呼吸纸由下而上安装，在第一张呼吸纸的上部实线外打上码钉，在其下的虚线处铺设丁基胶，第二张呼吸纸依然在上部实线外打上码钉，虚线处铺设丁基胶。去除第一张呼吸纸上丁基胶的纸带，将第二张呼吸纸的下部虚线与第一张呼吸纸上部实

线对齐，按压实现两张呼吸纸的粘接，其他呼吸纸安装以此类推。左右呼吸纸之间的缝隙需用密封胶带粘贴，以防止水的渗入。

⑤ 安装外墙外保温板　将挤塑板XPS排列在外墙结构面板上，并对其进行预钻孔，将专用的塑料胀塞放进预钻孔中，再用螺钉将挤塑板和结构面板相连。

⑥ 安装外墙龙骨　在XPS表面铺设外墙木龙骨或钢龙骨，用螺钉将龙骨与XPS、结构面板相连。

⑦ 安装外墙板　以户外木塑墙板安装为例，一般墙板为横向排列，应从下往上安装。将铝合金起始板、铝合金直角阳角线、铝合金直角阴角线、铝合金135°阳角线、铝合金135°阴角线等铝合金配件用螺钉和木龙骨连接。安装第一排木塑墙板时，将木塑墙板的凹槽部位插在铝合金起始板的凸榫上，在房屋阳角和阴角处，木塑墙板的端部插入相应铝合金配件的凹槽中。将不锈钢卡扣插入木塑墙板的凸榫上，用自攻螺丝将不锈钢卡扣和木龙骨相连。在水平方向相邻两块墙板的端部空腔处插入具有弹性的塑料卡条，防止由于热胀冷缩导致的墙板变形。安装第二排木塑墙板时，将木塑墙板的凹槽部位插入第一排墙板的凸榫上，不锈钢卡扣和木龙骨相连，依此顺序安装其他墙板。当需要安装腰线时，先将铝合金腰线用螺钉固定在木龙骨上，腰线下部盖住下层的木塑墙板，再将木塑墙板凹槽插入腰线凸榫处，并将不锈钢卡扣和木龙骨相连，再安装其他墙板。当所有墙板安装完毕后，将腰线盖板插入铝合金腰线凹槽中（图4-3～图4-5）。

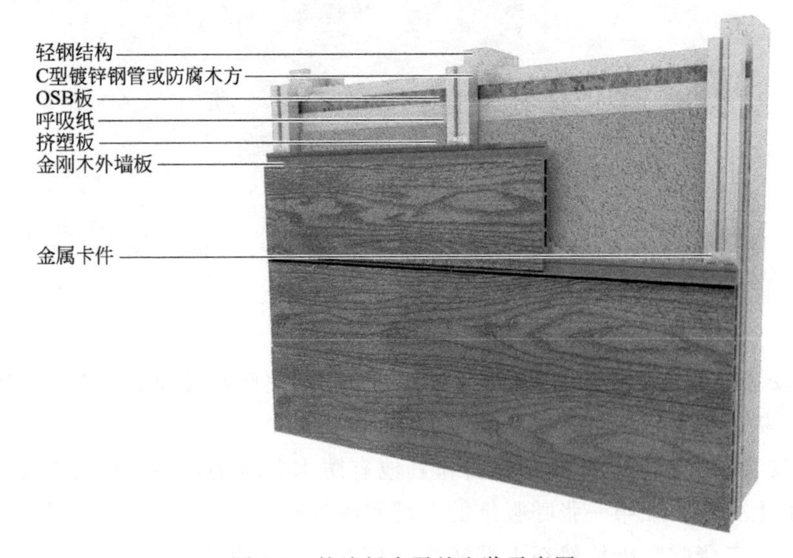


图4-3　外墙板水平处安装示意图

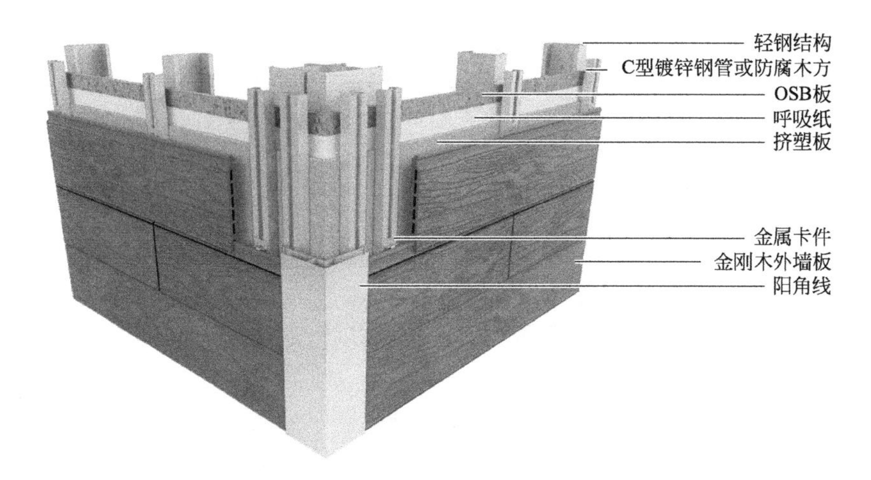


图 4-4　外墙板阳角处安装示意图

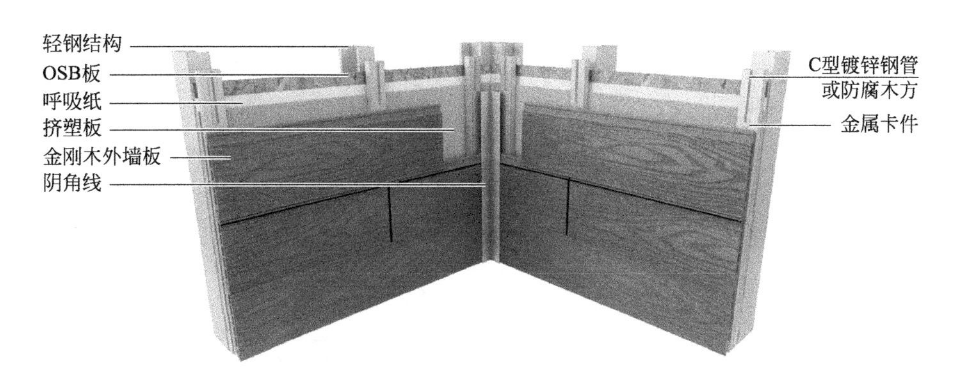


图 4-5　外墙板阴角处安装示意图

⑧ 安装管线　按照水、电、气设计图纸，在轻钢龙骨中安装进水管、排水管、电线、网线、有线电视线、电线盒、配电箱、燃气管等各种需要预埋的管线和盒子（图 4-6）。为了杜绝使用过程中各种管线由于摩擦作用被锋利的轻钢龙骨割破，进而带来漏水、电路短路、燃气泄漏等一系列安全隐患，在和龙骨相交的地方，管线需要增加额外的塑料保护管。

⑨ 填充保温隔声材料　将岩棉或玻璃棉放入轻钢龙骨中，当遇到“K”形撑、预埋盒子等阻碍连续棉毡放入时，可将棉毡进行裁切，确保其充满轻钢龙骨框架中，不影响保温隔热性能（图 4-7）。

⑩ 安装内侧结构面板　在墙体内侧面用钻尾螺栓将结构面板和轻钢龙骨相连。

图 4-6　安装管线

图 4-7　填充玻璃棉

⑪ 安装内墙板　根据室内墙板连接方式不同可分为不锈钢卡扣安装和结构胶安装。在房屋阳角和阴角处安装相应的铝合金配件，以实现墙板和铝合金配件连接。

当采用结构胶安装时，在木龙骨上均匀打上结构胶，每个胶点重 5～8g（8mm 膏体挤出 20～25mm 长度），在一根龙骨上确保每块墙板至少有两处结构胶点，然后按照横排或竖排方式，利用墙板自带的榫卯进行结合。

当采用不锈钢卡扣安装时，先铺设第一块墙板，将不锈钢卡扣插入第一块墙板的凸榫处，用螺钉将卡扣和木龙骨相连，再将第二块墙板的凹槽插入第一块墙板的凸榫中，依此类推，如图 4-8 所示。

图 4-8　安装内墙板

⑫ 安装踢脚板　将踢脚板型材用螺钉固定在墙板上，再封上盖板。有些室内墙板先从踢脚板开始安装，将踢脚板型材直接固定在木龙骨上，再将墙板直接插入踢脚板型材的企口内并和木龙骨进行连接。

（7）注意事项

按照设计要求在墙体端部和角部等部位与基础之间安装抗拉拔连接件，地脚螺栓或化学螺栓的间距不应大于 1200mm，其距墙角或墙端部的最大距离不应大于 300mm。

当轻钢龙骨墙体预拼装时，轻钢龙骨不要直接放在水泥面、砂石面等硬质物体上（可在水泥面上铺设OSB板、胶合板等），且安装时注意不要在地面或台面上拖拽，要轻拿轻放，防止轻钢龙骨的镀锌层或镀铝锌层被破坏，从而导致生锈，影响其使用寿命。一旦镀层不小心被破坏，则需要涂刷防锈漆进行补救处理。

轻钢龙骨很薄且非常锋利，极易刮伤皮肤，因此在搬运、安装过程必须带防护手套。

OSB板安装完毕后应尽快安装呼吸纸，防止天气潮湿或下雨等气候变化导致OSB板吸湿膨胀变形以及发霉。

呼吸纸必须由下而上铺设，上层呼吸纸搭放在下层呼吸纸上面，呼吸纸上下层搭接长度不小于100mm，左右搭接长度不小于300mm。呼吸纸上码钉间距为300～400mm。呼吸纸铺设后应平整无皱褶，紧贴OSB板或XPS板，且无破损。

安装结构面板时，板边缘处螺钉的间距不应大于150mm，板中间螺钉的间距不应大于300mm，螺钉孔边距不应小于12mm。结构面板进行上下拼接时宜错缝拼接，在拼接缝处应设置宽度不小于50mm的连接钢带进行连接。

无论是外墙板还是内墙板，墙板端部和铝合金配件之间按照设计要求必须保留一定伸缩缝隙，防止墙板热变形。

(8) 技术要求

轻钢房屋墙体安装完毕后需要满足表4-2所示技术指标。

**表4-2 轻钢房屋墙体安装技术要求**

<table>
<tr><th>序号</th><th colspan="2">项目</th><th>单位</th><th>指标</th></tr>
<tr><td>1</td><td colspan="2">高度</td><td rowspan="6">mm</td><td>允许偏差－5～0</td></tr>
<tr><td>2</td><td colspan="2">宽度</td><td>允许偏差－2～0</td></tr>
<tr><td>3</td><td colspan="2">厚度</td><td>允许偏差±2</td></tr>
<tr><td>4</td><td colspan="2">对角线差</td><td>允许偏差0～5</td></tr>
<tr><td>5</td><td rowspan="6">内墙</td><td>抗冲击性能</td><td>残余变形不大于10.0，墙体没有明显变形</td></tr>
<tr><td>6</td><td>静载试验</td><td>残余变形不大于2.0</td></tr>
<tr><td>7</td><td>耐火极限</td><td>h</td><td>≥1</td></tr>
<tr><td>8</td><td>空气声计权隔声量</td><td>dB</td><td>≥45</td></tr>
<tr><td>9</td><td>热导率</td><td>$W/(m^2 \cdot K)$</td><td>满足设计要求</td></tr>
<tr><td>10</td><td>甲醛释放量</td><td>$mg/m^3$</td><td>≤0.124</td></tr>
</table>

续表

| 序号 | 项目 | | | 单位 | 指标 |
| --- | --- | --- | --- | --- | --- |
| 11 | 外墙 | 耐火极限 | | h | ≥1 |
| 12 | | 空气声计权隔声量 | | dB | ≥45 |
| 13 | | 热导率 | | $W/(m^2 \cdot K)$ | 满足设计要求 |
| 14 | | 耐候性 | 外观检查 | — | 未出现裂缝、粉化、空鼓、剥落等现象 |
| 15 | | | 拉伸粘接强度 | MPa | ≥0.1 |
| 16 | | | 抗冲击性能 | — | 10个冲击点中破坏点≤4个 |
| 17 | | 抗风压 | | kPa | 系统抗风压值 $R_d$ 不小于风荷载设计值，达到最大风压值时，试样未破坏 |

# 4.3 楼面施工

(1) 技术准备

熟悉和审查施工图纸，做好技术、环境、安全交底工作。

(2) 材料准备

轻钢龙骨、自攻螺钉、钻尾螺栓、OSB板、玻璃棉、防水膜、石膏板、水泥、砂石、水、发泡剂、各种添加剂、钢筋网片、抗拉拔件、贯穿螺杆等。

(3) 施工工具

手电钻、红外线水平仪、墨盒、手套、木刮板、木抹子、混凝土搅拌车等。

(4) 作业条件

一楼轻钢墙体框架已经安装完毕，且经过斜杆支撑加固。

(5) 施工流程

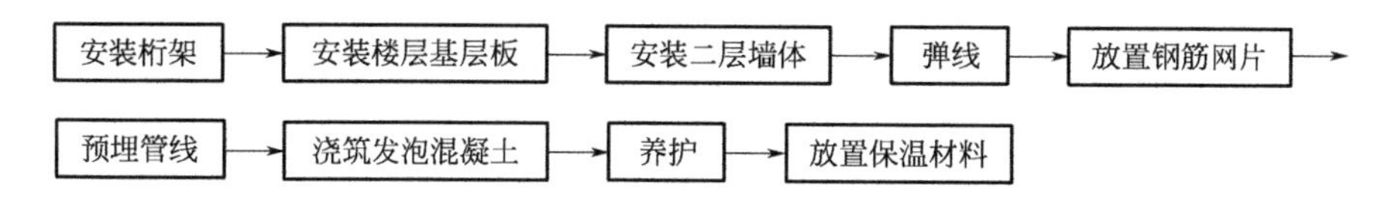


(6) 施工工艺

① 安装桁架　按照施工图纸将楼板桁架和楼板盒子一一组装，将其放置在下楼层的墙体上，并用钻尾螺栓将其与下楼层墙体的顶导梁相连。

② 安装楼层基层板　在楼板桁架和楼板盒子上部粘贴海绵胶带，用钻尾螺栓将OSB板与楼板桁架和楼板盒子相连。

③ 安装二层墙体　按照设计图纸将轻钢龙骨在地面或台面上进行组装，将墙体放置在 OSB 板上，相邻墙体用钻尾螺栓、平面连接件、直角连接件等相连。在需要结构加强处设置抗拉拔件，将贯穿螺杆穿过上下两个抗拉拔件、一层墙体顶导梁、楼层桁架和二层墙体底导梁，用螺母将抗拉拔件和贯穿螺杆锁紧，最后用钻尾螺栓将抗拉拔件和竖龙骨相连。在 OSB 板表面铺设一层防水膜，将 160mm 高的防水石膏板用钻尾螺栓安装在轻钢墙体内侧面。

④ 弹线　在轻钢墙体上弹出＋50cm 水平标高线，往下量出混凝土层标高，并在墙体上弹线。

⑤ 放置钢筋网片　在防水膜上铺设钢筋网片，网片下设置部分马凳筋。

⑥ 预埋管线　按照电气图、给排水图等设计图，将水、电、气管线预埋到楼层桁架中。

⑦ 浇筑发泡混凝土　按比例称量各种物料，根据工艺制备发泡混凝土料浆。在防水膜上洒水湿润，将制成的发泡混凝土料浆用浇筑泵泵至施工面。发泡混凝土初凝后，以墙上水平标高线及找平线为准检查平整度，凸出部分铲掉，凹处补平。用水平木刮杠刮平，再用木抹子搓平。当有坡度要求时，则按坡度设计要求施工。

⑧ 养护　发泡混凝土浇筑后需要自然养护，强度达到可以上人时则可进行其他工程施工。

⑨ 放置保温材料　按照楼板桁架和楼板盒子的规格裁切玻璃棉，再将玻璃棉放置在楼板桁架中，如图 4-9 所示。

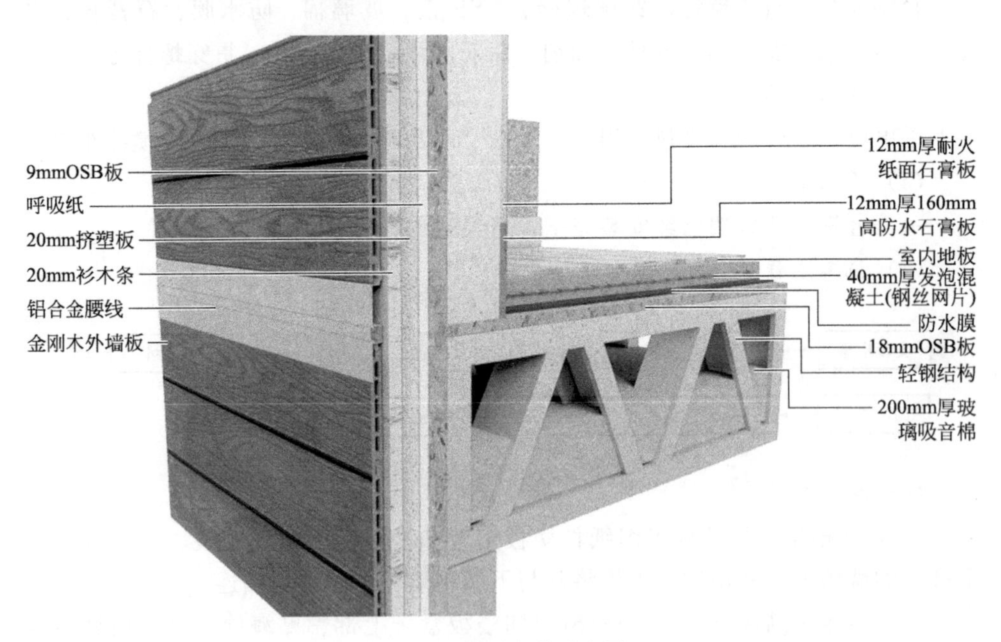


图 4-9　楼层安装示意图

(7) 注意事项

OSB 板长方向要与桁架呈 90°交错安装，板与板之间错位拼装。

预埋管线时，管线与轻钢龙骨接触处需用塑料防护套进行保护，以免管线被锋利的轻钢龙骨割破。

防水膜不得有破损、裂纹等缺陷，以免发泡混凝土中的水被 OSB 板吸收，导致 OSB 板起鼓变形。

发泡混凝土的养护时间不得少于 7d，对掺用缓凝型外加剂或有抗渗要求的混凝土养护时间不得少于 14d。当天气温度低于 5℃时，不得浇水养护，并加强保温覆盖措施，防止混凝土受冻影响强度。

(8) 技术要求

轻钢房屋楼面安装后需要满足表 4-3 所示技术指标。

**表 4-3 轻钢房屋楼面安装技术要求**

| 序号 | 项目 | 单位 | 指标 |
|---|---|---|---|
| 1 | 耐火极限 | h | ≥1 |
| 2 | 空气声计权隔声量 | dB | ≥45 |
| 3 | 热导率 | $W/(m^2 \cdot K)$ | 满足设计要求 |
| 4 | 甲醛释放量 | $mg/m^3$ | ≤0.124 |

# 4.4 楼梯施工

(1) 技术准备

熟悉和审查施工图纸，做好技术、环境、安全交底工作。

(2) 材料准备

轻钢龙骨、重钢龙骨、膨胀螺栓、自攻螺钉、钻尾螺栓、OSB 板、铺板、栏杆、金属防滑条等。

(3) 施工工具

手电钻、红外线水平仪、墨盒、手套等。

(4) 作业条件

墙体龙骨、楼板桁架已经安装完毕。

(5) 施工流程

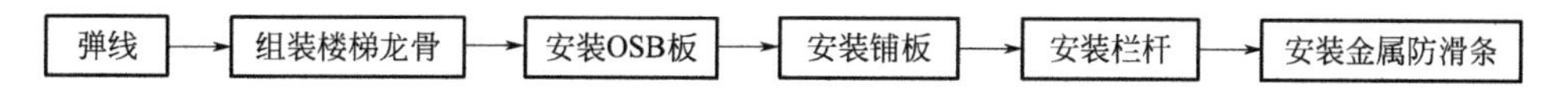

(6) 施工工艺

① 弹线　根据设计图纸在地面和楼面上弹线，沿着墨线铺设橡胶垫或沥青防水卷材。

② 组装楼梯龙骨　对于轻钢楼梯，按照图纸上的编号进行预拼装，用钻尾螺栓将各龙骨连接起来，再将楼梯龙骨和楼面、墙体等相连（图 4-10）。对于重钢楼梯，按照图纸将钢材进行焊接，再用螺钉或采用焊接将踏步、平台和周围墙体、楼层的钢结构相连，如图 4-11 所示。

图 4-10　轻钢楼梯安装

图 4-11　重钢楼梯安装

③ 安装OSB板　用钻尾螺栓将OSB板和楼梯平台、踏步的踏面、踢面以及其他侧面均相连。

④ 安装铺板　在OSB板上安装木质地板、石材、瓷砖等装饰铺板。

⑤ 安装栏杆　确定立柱的位置，用螺钉将立柱底座固定在踏步和平台上，再安装扶手。

⑥ 安装金属防滑条　用螺钉将金属防滑条固定在踏步板阳角边缘。

（7）注意事项

轻钢楼梯承重斜梁和横梁连接处应采用宽钢带加固处理，备用宽钢带折成L形，双排螺钉加固，螺钉间距不大于80mm。

重钢楼梯应选用镀锌钢管或钢梁，焊接要牢靠，焊接处需要涂饰防锈漆，楼梯节点处需用备用钢管进行加固处理。

（8）技术要求

轻钢房屋楼梯安装后需要满足表4-4所示技术指标。

**表4-4　轻钢房屋楼梯安装技术要求**

| 序号 | 项目 | 单位 | 指标 |
|---|---|---|---|
| 1 | 踢板高度 | mm | 允许偏差±2 |
| 2 | 踏板宽度 | | 允许偏差±2 |
| 3 | 平台地板高度差 | | ≤1 |
| 4 | 整体外观 | — | 与人接触处不得有毛刺、刃口、棱角，表面无鼓泡、开裂、脱胶、划痕等现象 |

# 4.5　屋面施工

（1）技术准备

熟悉和审查施工图纸，做好技术、环境、安全交底工作。

（2）材料准备

轻钢龙骨、自攻螺钉、钻尾螺栓、OSB板、挤塑板、玻璃棉、树脂瓦、沥青瓦、防水卷材、直角连接件、左右角连接件等。

（3）施工工具

手电钻、手套等。

（4）作业条件

一楼、二楼轻钢墙体框架、楼层桁架、楼梯已经安装完毕，且经过斜杆支撑加固。

（5）施工流程

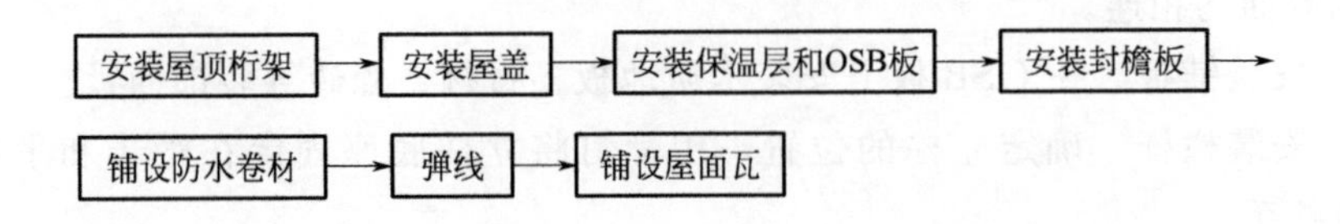


（6）施工工艺

① 安装屋顶桁架　按照图纸组装屋顶桁架，用钻尾螺栓将屋顶桁架的底导梁与顶楼墙体的顶导梁相连，再用专用左右角连接件将桁架和墙体相连（图 4-12）。为防止三角屋顶桁架倾倒，应在桁架之间设置支撑构件（可用轻钢备用料制作）。

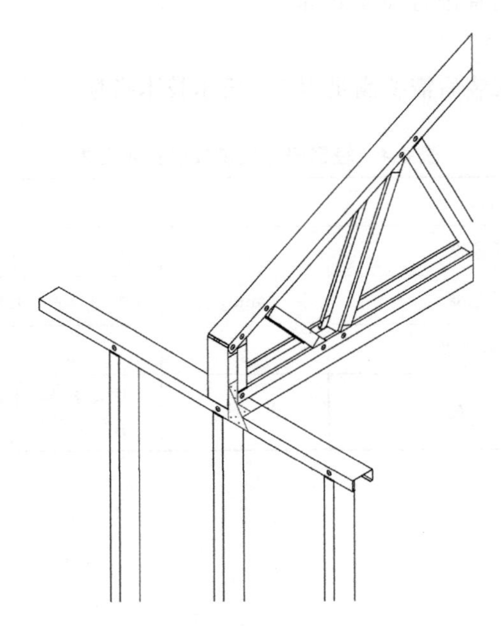

图 4-12　屋顶桁架和墙体采用专用左右角连接件相连

② 安装屋盖　按照图纸组装屋盖，用钻尾螺栓将屋盖和屋顶桁架相连，之后再用直角连接件相连加固（图 4-13）。

③ 安装保温层和 OSB 板　检查屋顶轻钢的平整度和明沟、屋脊的平直度，并及时调整。先将 OSB 板铺设在屋盖上，再将 XPS 保温板铺设在 OSB 板上，接缝处用胶带密封。之后将在 XPS 保温板上方铺设一层 OSB 板，用钻尾螺栓将两层 OSB 板和 XPS 保温板固定在屋盖上。

④ 安装封檐板　用钻尾螺栓将 L 形封檐板挂件和铝合金封檐板背面相连，再用钻尾螺栓将封檐板挂件和 OSB 板相连。用钻尾螺栓将铝合金封檐吊顶线固

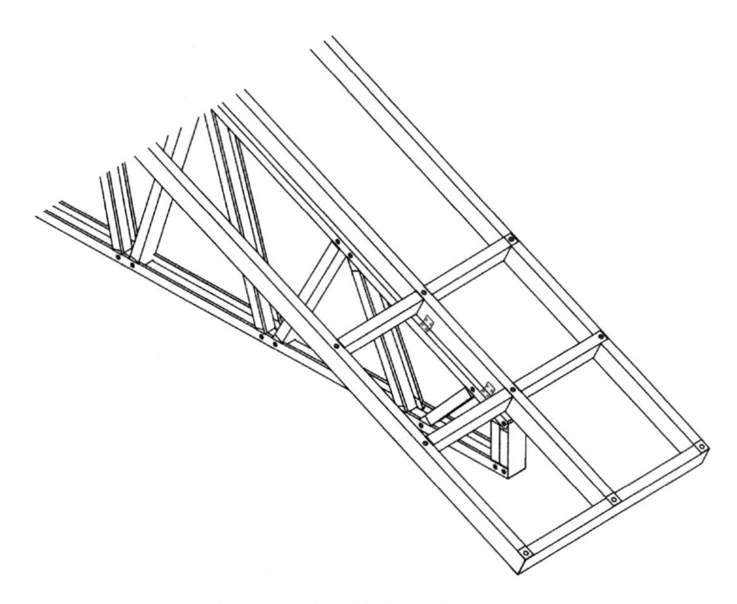

图 4-13　屋盖与桁架直角相连

定在外墙板上，最后将檐口吊顶板分别插入铝合金封檐板和铝合金封檐吊顶线的凹槽中，如图 4-14 所示。

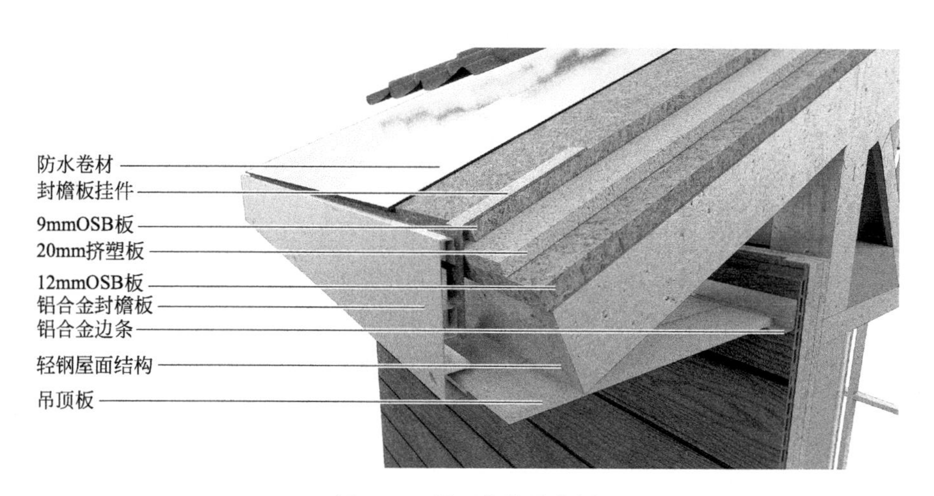


图 4-14　屋面安装示意图

⑤ 铺设防水卷材　先在屋顶 OSB 板上试铺防水卷材，并裁剪相应形状。正式铺设时，将防水卷材背部的隔离薄膜撕开一小段，粘贴在 OSB 板上，再继续撕开隔离薄膜，将剩余卷材铺贴起来，并用压辊从卷材中部向两侧滚压，排出空气。

⑥ 弹线　用红色或其他非黑色色粉在平行于屋檐、距屋檐 147mm、310mm 处弹起始线（以铺设沥青瓦为例，沥青瓦伸出屋檐 200mm），然后以起始线为基准向上每隔 147mm 弹平行线至屋面。在屋檐一侧位置弹一条垂直于屋檐与屋脊的直线，然后以垂直线为基准向左右每隔 1/3 瓦长间距弹线直至屋面左右两侧。

⑦ 铺设屋面瓦　沿屋面四周直接铺设起始层屋面瓦，胶带面朝上，在装饰缝处用钉子将其固定在屋面上，起始层要伸出屋檐不少于 200mm。铺设第一层屋面瓦，其与起始层的边缘相平行，固定瓦片。铺设第二层屋面瓦，其侧边应与第一层瓦的侧边错开 1/2 张瓦片距离，然后依次铺设整张瓦片。当采用双层瓦时，第二层瓦的底边应同第一层瓦的龙牙部位的顶端齐平。第三层瓦片铺设同第一层瓦片，第四层瓦片铺设同第二层瓦片，以此类推。当铺设屋脊瓦时，将每张沥青瓦沿中心线对折，再铺设在屋脊上，打钉固定，如图 4-15 所示。

图 4-15　铺装沥青瓦

(7) 注意事项

钉距 OSB 板边部为 150mm，中部为 300mm。OSB 板必须错缝安装，不可同缝。

相邻防水卷材需要搭接，必须顺搭，不可反搭，长边搭接宽度不得少于100mm，短边搭接宽度不得少于150mm，且需由檐口向屋脊方向铺设。

每片沥青瓦安装不少于4个钉子，钉子的位置位于装饰缝上方16mm处，距离两边端部25mm处。钉子要平齐，不得冒头或深陷瓦内。

安装下一层沥青瓦片时，应先在上一层沥青瓦片的钉子处涂覆沥青胶。

(8) 技术要求

屋面施工后需要满足表4-5所示技术指标。

**表4-5 屋面施工技术要求**

| 序号 | 项目 | 单位 | 指标 |
|---|---|---|---|
| 1 | 耐火极限 | h | ≥1 |
| 2 | 空气声计权隔声量 | dB | ≥45 |
| 3 | 热导率 | $W/(m^2 \cdot K)$ | 满足设计要求 |
| 4 | 甲醛释放量 | $mg/m^3$ | ≤0.124 |
| 5 | 抗风压 | kPa | 系统抗风压值$R_d$不小于风荷载设计值，达到最大风压值时，瓦片结构面板、轻钢龙骨等部件未被掀开及未破坏 |

# 4.6 吊顶施工

(1) 技术准备

熟悉施工图纸与现场，做好技术、环境、安全交底工作。

(2) 材料准备

木龙骨、石膏板、纤维水泥板、OSB板、木塑吊顶板、自攻螺钉、不锈钢卡扣、结构胶等。

(3) 施工工具

手电钻、卷尺、红外线水平仪、切割锯、手套等。

(4) 作业条件

楼板桁架、屋顶桁架已经安装完毕，各种管线已预埋。

(5) 施工流程

（6）施工工艺

① 安装主龙骨　用钻尾螺栓将木质主龙骨和屋顶桁架的轻钢龙骨相连，而楼板桁架一般无需安装主龙骨。

② 安装结构面板　在楼板桁架和屋面桁架的下端预排 OSB 板、纤维水泥板、石膏板等结构面板，需要穿管线处进行定位并开孔，再用钻尾螺栓将结构面板固定在楼板桁架下端，用自攻螺钉将结构面板固定在屋顶桁架下端，如图 4-16 所示。

图 4-16　吊顶结构面板安装

③ 安装木塑吊顶　利用不锈钢卡扣或施加结构胶将木塑吊顶和结构面板连接（图 4-17）。

（7）注意事项

当在吊顶上安装较重的灯具、吊扇等时，应将灯具、吊扇等用螺钉固定在轻钢龙骨上，而不宜固定在结构面板上。

（8）技术要求

木塑吊顶安装需要满足表 4-6 所示技术指标。

图 4-17　木塑吊顶安装

**表 4-6　轻钢房屋吊顶安装技术要求**

| 序号 | 项目 | 单位 | 指标 |
| --- | --- | --- | --- |
| 1 | 外观 | — | 吊顶面洁净,无明显色差,与灯具等交接部位吻合严实等 |
| 2 | 平整度 | mm | ≤2 |
| 3 | 拼缝高度差 | | ≤3 |

# 4.7　门窗施工

门和窗户的施工相近，因此本节仅以窗户为例介绍其施工。

(1) 技术准备

熟悉和审查施工图纸，做好技术、环境、安全交底工作。

(2) 材料准备

窗户外套线、窗框、窗扇、钻尾螺栓、自攻螺钉、防水卷材、木方、OSB板、密封胶等。

(3) 施工工具

手电钻、红外线水平仪、卷尺、切割锯等。

(4) 作业条件

墙体的轻钢龙骨和结构面板安装完毕。

（5）施工流程

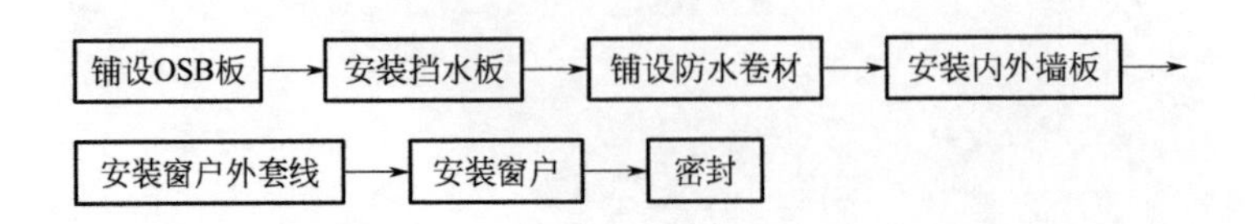


（6）施工工艺

① 铺设 OSB 板　用钻尾螺栓将 OSB 板固定在窗户洞口的轻钢龙骨上。

② 安装挡水板　在窗台 OSB 板靠近内墙处钉上木方，使得窗台具有构造防水作用。

③ 铺设防水卷材　将防水卷材背部的隔离薄膜撕开一小段，粘贴在窗台 OSB 板上，再继续撕开隔离薄膜，将剩余卷材铺满窗台四周，并用压辊从卷材中部向两侧滚压，排出空气。

④ 安装内外墙板　其施工工艺和本章 4.2 节相同。

⑤ 安装窗户外套线　用螺钉将窗户外套线固定在 OSB 板上（图 4-18）。

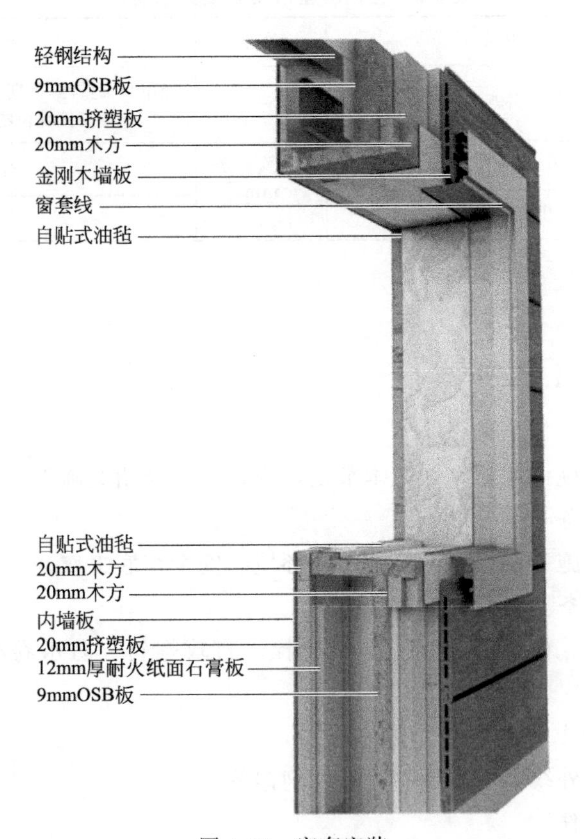


图 4-18　窗套安装

⑥ 安装窗户　用钻尾螺栓将窗框与OSB板、轻钢龙骨相连。检查窗框是否方正并进行调整。在窗框与墙体之间的缝隙处打发泡胶，最后安装窗扇和其他配件。

⑦ 密封　用密封胶将窗户与内墙板、外墙板之间封严。

(7) 注意事项

发泡胶打好后需要等待2～3h，待发泡胶固化后，将多余发泡胶去除掉，以免影响外观。

安装窗户前，需要复核窗户洞口尺寸是否正确，水平度、垂直度是否符合要求，若不符合要求则需要做出相应处理，因为窗户的平整度会影响窗户的密闭性和稳固性。

安装高度超过1500mm的窗户时，窗框中部预留洞处增加螺钉固定在轻钢龙骨上，以防变形。

窗框与窗户洞口的间隙大小应一致（约8mm）。窗框上下边框应水平，左右边框应垂直。

窗框的上下侧不宜打螺钉，左右边框和四个角处用螺钉固定。若宽度超过1220mm且中间有竖柱的窗户，可在中间上下部各打一颗螺钉。

(8) 技术要求

以铝合金门窗为例，轻钢房屋的门窗安装应满足表4-7所示技术指标。

**表4-7　铝合金门窗安装技术要求**

<table>
<tr><th>序号</th><th colspan="2">项目</th><th>单位</th><th>指标</th></tr>
<tr><td rowspan="3">1</td><td rowspan="3">门窗宽度/高度构造内侧尺寸</td><td>$L<2000\text{mm}$</td><td rowspan="8">mm</td><td>允许偏差±1.5</td></tr>
<tr><td>$2000\text{mm}\leqslant L<3500\text{mm}$</td><td>允许偏差±2.0</td></tr>
<tr><td>$L\geqslant 3500\text{mm}$</td><td>允许偏差±2.5</td></tr>
<tr><td rowspan="3">2</td><td rowspan="3">门窗宽度/高度构造内侧对边尺寸差</td><td>$L<2000\text{mm}$</td><td>允许偏差0～2.0</td></tr>
<tr><td>$2000\text{mm}\leqslant L<3500\text{mm}$</td><td>允许偏差0～3.0</td></tr>
<tr><td>$L\geqslant 3500\text{mm}$</td><td>允许偏差0～4.0</td></tr>
<tr><td>3</td><td colspan="2">门框与门扇搭接宽度</td><td>允许偏差±2.0</td></tr>
<tr><td>4</td><td colspan="2">窗框与窗扇搭接宽度</td><td>允许偏差±1.0</td></tr>
</table>

注：$L$代表门窗宽度或高度。

# 4.8　卫生间施工

(1) 技术准备

熟悉施工图纸与现场，做好技术、环境、安全交底工作。

(2) 材料准备

水泥、钢筋网片、OSB板、纤维水泥板、瓷砖、聚氨酯防水涂料、防水膜、钻尾螺栓等。

(3) 施工工具

手电钻、红外线水平仪、卷尺、墨盒、滚刷、刮板等。

(4) 作业条件

卫生间墙体的轻钢龙骨、地面和顶面的桁架及楼板盒子均已安装完毕。

(5) 施工流程

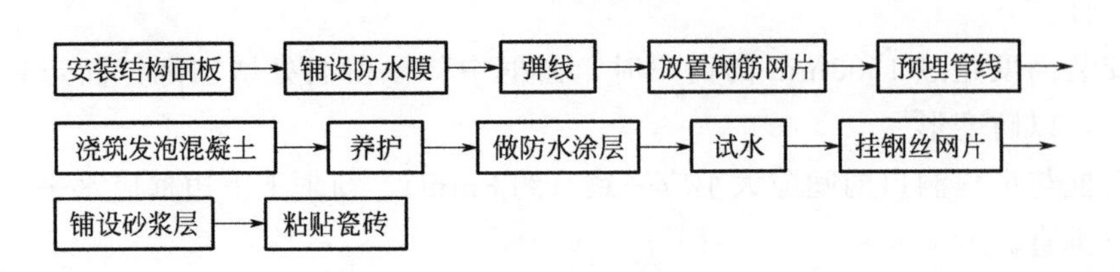


(6) 施工工艺

① 安装结构面板　在卫生间地面的桁架和楼板盒子上部粘贴海绵胶带，采用钻尾螺栓将OSB板与桁架和楼板盒子相连，纤维水泥板和墙体轻钢龙骨相连。

② 铺设防水膜　在OSB板上铺设一层防水膜，防水膜不得有破损、裂纹等缺陷。

③ 弹线　在轻钢墙体上弹出+50cm水平标高线，往下量出混凝土层标高，并在墙体上弹线。

④ 放置钢筋网片　在防水膜上铺设钢筋网片，网片下设置部分马凳筋。

⑤ 预埋管线　按照电气图、给排水图等设计图，将水、电、气管线预埋到楼层桁架中。

⑥ 浇筑发泡混凝土　在防水膜上洒水湿润，将制成的发泡混凝土料浆用浇筑泵泵至施工面。发泡混凝土初凝后，以墙上水平标高线及找平线为准检查平整度，凸出部分铲掉，凹处补平。用水平木刮杠刮平，再用木抹子搓平。当有坡度要求时，则按坡度设计要求施工。

⑦ 养护　发泡混凝土浇筑后需自然养护，达到可以上人时的强度则进行其他工程施工。

⑧ 做防水涂层　将发泡混凝土表面、纤维水泥板清理干净，在墙面和地面上先涂刷一层底胶，待手感不粘时，涂抹至少两层聚氨酯防水涂料，相邻防水涂层应纵横交错。

⑨ 试水　确保各管道封闭。待防水涂层固化后进行蓄水试验，未发现渗水漏水为合格。若有渗漏则应进行补修，直至闭水试验不出现渗漏为止。

⑩ 挂钢丝网片　用钉将钢丝网片固定在墙面上。

⑪ 铺设砂浆层　在墙面和地面上分别抹砂浆，用木抹子搓平，并浇水养护。

⑫ 粘贴瓷砖　按照设计图纸进行弹线、找水平。洒水润湿砂浆层，将瓷砖放入水中浸泡 2h 以上，取出待表面晾干或擦干净后使用。瓷砖通过水泥砂浆和墙面、地面相连，再用水泥砂浆进行勾缝和擦缝，随后进行养护处理（图 4-19）。

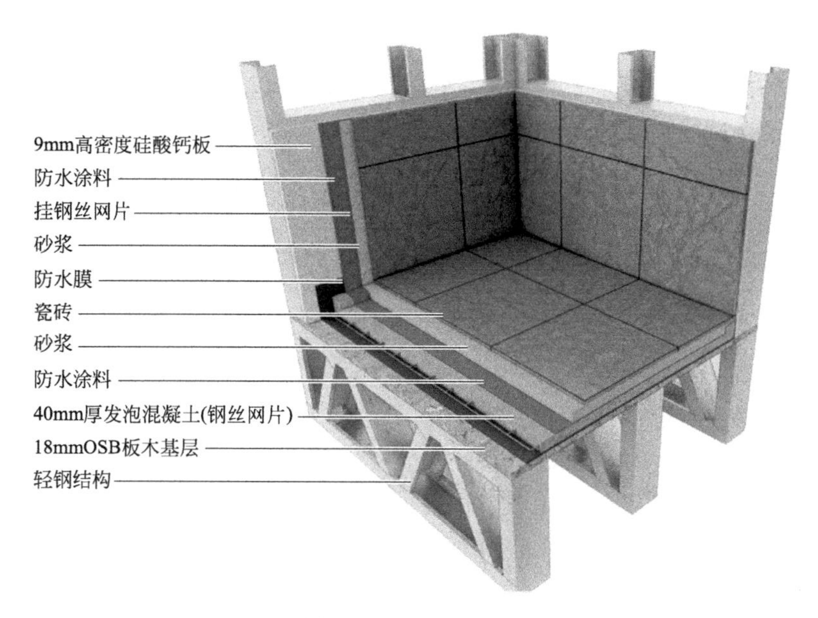


图 4-19　卫生间施工

（7）注意事项

卫生间地面标高低于其他室内地面 50mm，混凝土浇筑沿墙面四周上翻 50mm，上翻面上口与室内其他地面齐平。

涂刷防水层的混凝土基层表面不得有松动、开裂、空鼓、凹凸不平、起砂等缺陷，含水率一般不大于 9%，表面均匀泛白，无明显水印。

墙面的防水层高度不低于 1800mm。

（8）技术要求

卫生间最主要的技术指标是防水性能，应在不低于 48h 的闭水试验下无漏水现象。同时确保坡度符合设计要求。

# 4.9　露台施工

（1）技术准备

熟悉施工图纸与现场，做好技术、环境、安全交底工作。

(2) 材料准备

水泥、钢筋网片、OSB板、纤维水泥板、瓷砖、聚氨酯防水涂料、防水膜、钻尾螺栓等。

(3) 施工工具

手电钻、红外线水平仪、卷尺、墨盒、滚刷、刮板等。

(4) 作业条件

露台的桁架、楼板盒子及其相邻墙体的轻钢龙骨均已安装完毕。

(5) 施工流程

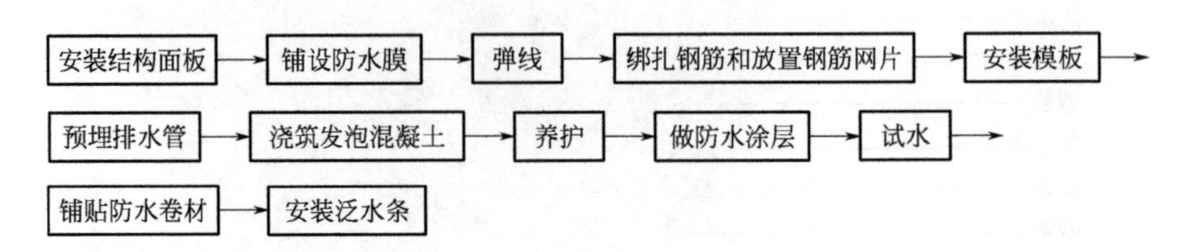


① 安装结构面板　在露台的桁架和楼板盒子上部粘贴海绵胶带，采用钻尾螺栓将OSB板与桁架和楼板盒子相连。将高度为140mm的纤维水泥板与墙体轻钢龙骨相连。

② 铺设防水膜　在OSB板上铺设一层防水膜，防水膜不得有破损、裂纹等缺陷。

③ 弹线　在轻钢墙体上弹出＋50cm水平标高线，往下量出混凝土层标高，并在墙体上弹线。

④ 绑扎钢筋和放置钢筋网片　露台上没有轻钢墙体的侧边设置圈梁，按图纸要求绑扎圈梁钢筋，露台其他表面上铺设钢筋网片，圈梁钢筋和钢筋网片下设置部分马凳筋。

⑤ 安装模板　在圈梁处安装模板，校正平整度和垂直度，确保模板拼缝严密。

⑥ 预埋排水管　将排水管预埋到圈梁中，用钢丝将排水管牢固地绑扎在钢筋上，避免浇筑混凝土时管道移位。外露管口做好封口，防止异物堵塞管道。

⑦ 浇筑发泡混凝土　在防水膜上洒水湿润，将制成的发泡混凝土料浆用浇筑泵泵至施工面。发泡混凝土初凝后，以墙上水平标高线及找平线为准检查平整度，凸出部分铲掉，凹处补平。用水平木刮杠刮平，再用木抹子搓平。浇筑过程需按坡度设计要求施工。

⑧ 养护　发泡混凝土浇筑后需用自然养护，达到可以上人时的强度则进行其他工程施工。

⑨ 做防水涂层　将发泡混凝土表面清理干净，在地面上先涂刷一层底胶，

再涂抹至少两层聚氨酯防水涂料，相邻防水涂层应纵横交错。

⑩ 试水　确保各管道封闭。待防水涂层固化后进行蓄水试验，未发现渗水漏水为合格。若有渗漏则应进行补修，直至闭水试验不出现渗漏为止。

⑪ 铺贴防水卷材　用火焰喷枪或其他加热工具对准防水卷材底面和基层均匀加热，待表面沥青开始熔化并呈黑色光亮状态时，边烘烤边铺贴防水卷材，并用压辊压实。施工完毕后，应再用冷粘剂对搭接边进行密封处理。

⑫ 安装泛水条　采用钻尾螺栓将L形泛水条和墙体的轻钢龙骨相连，随后在墙体轻钢龙骨上安装结构面板（图4-20、图4-21）。

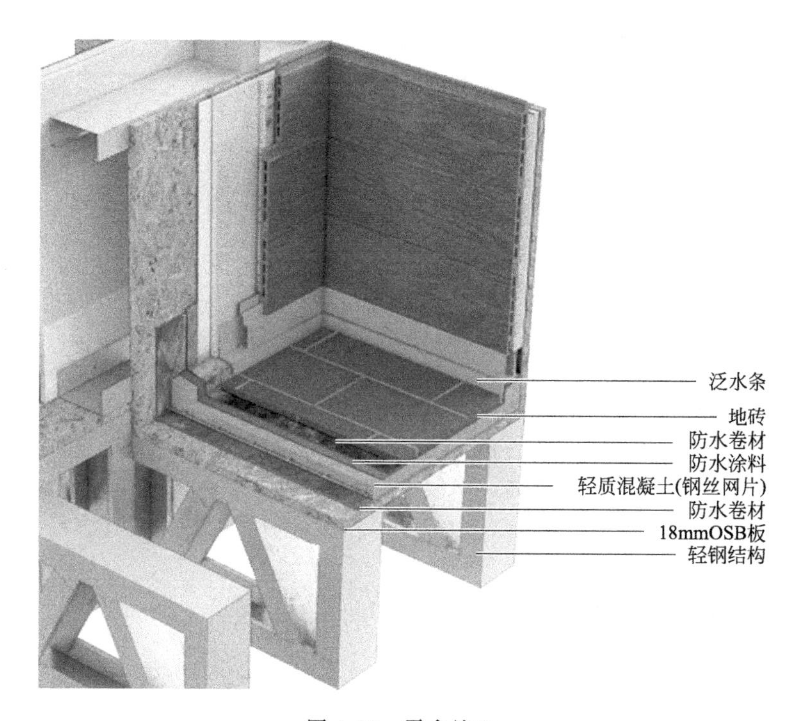


图4-20　露台施工

（6）注意事项

露台地面标高低于其他室内地面50mm，混凝土浇筑沿墙面四周上翻100mm。

涂刷防水层的混凝土基层表面不得有松动、开裂、空鼓、凹凸不平、起砂等缺陷，含水率一般不大于9%，表面均匀泛白，无明显水印。

露台面的坡度推荐为1%。

泛水条长度方向搭接连接，搭接长度宜为50mm。

外挑圈梁出墙面不低于100mm，下口设滴水线。圈梁应与露台混凝土一次性浇筑。

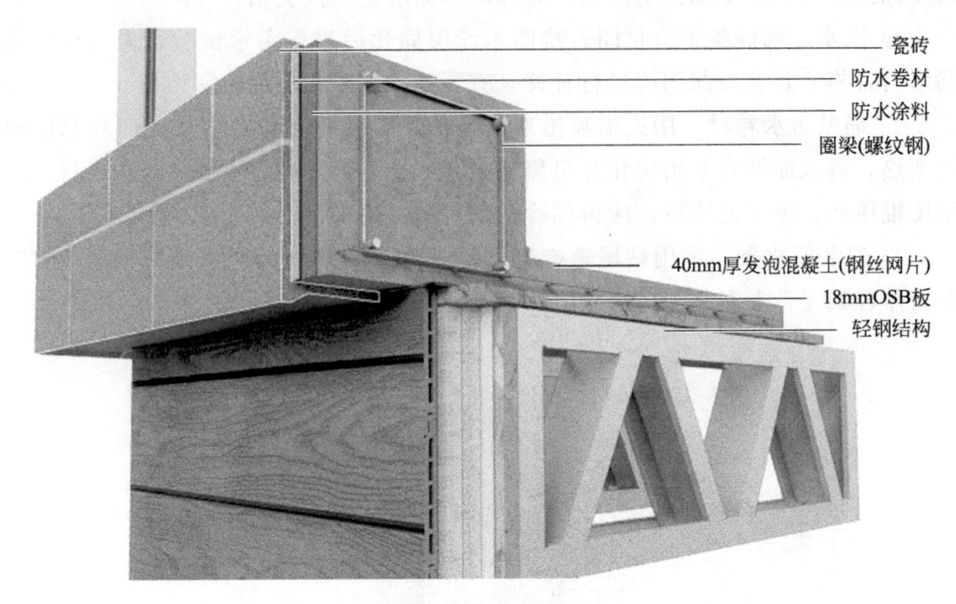


图 4-21　露台圈梁施工

(7) 技术要求

露台最主要的技术指标是防水性能，应在不低于48h的闭水试验下无漏水现象。此外坡度应符合设计要求，确保排水顺畅。

# 4.10　户外设施施工

户外设施主要包括立柱、围栏、铺板、廊架、凉亭、景观桥、假山、瀑布、泳池、家具等，各种户外设施所选用的材料也多种多样，如木塑、防腐木、不锈钢、石材、混凝土、砖块、橡塑、玻璃钢等。本小节仅介绍和轻钢房屋直接相关的常见木塑户外设施的施工：铺板、围栏和廊架。

## 4.10.1　木塑铺板安装

(1) 技术准备

熟悉和审查施工图纸，做好技术、环境、安全交底工作。

(2) 材料准备

龙骨、膨胀螺栓、自攻螺钉、木塑铺板、不锈钢卡扣、起始卡件、封边条等。

(3) 施工工具

冲击钻、手电钻、水平尺、卷尺、切割锯等。

(4) 作业条件

混凝土基础和排水设施施工完毕，坡度符合设计要求。

(5) 施工流程

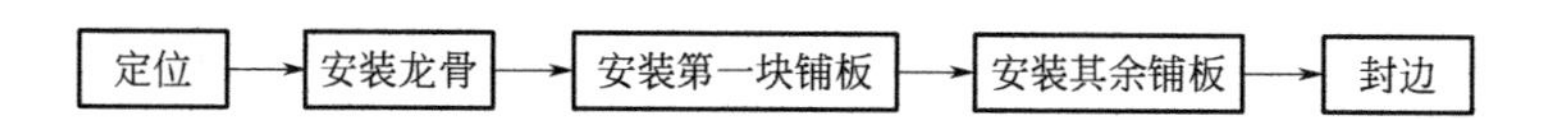


(6) 施工工艺

① 定位　按照设计图纸，在混凝土地面上定位画线，将木塑龙骨按照设计的间距摆放整齐（图4-22）。

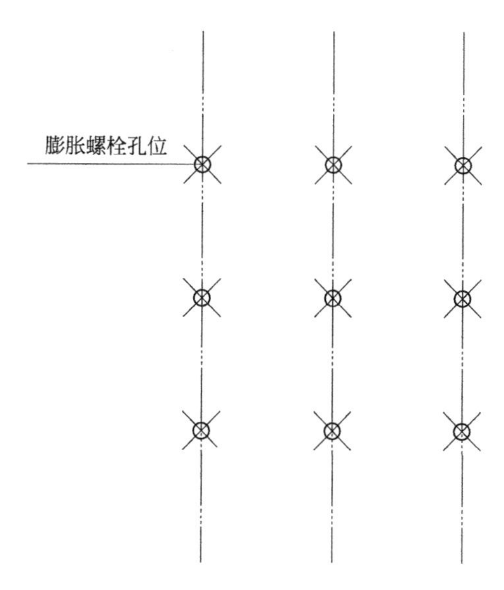


图4-22　龙骨定位

② 安装龙骨　用冲击钻在混凝土地面上预钻孔，用手电钻对龙骨进行预钻孔，深度以打穿龙骨为准。把膨胀管放入预钻孔中，再用自攻螺钉钉入膨胀管中，使得龙骨固定在地面上（图4-23）。

③ 安装第一块铺板　将起始卡件用自攻螺钉安装在龙骨端部，将第一块铺板的侧边凹槽插入起始卡件中，不锈钢卡扣插入铺板的另一侧边凹槽中，并用自攻螺钉将不锈钢卡扣固定在龙骨上（图4-24）。

④ 安装其余铺板　将第二块铺板的侧边凹槽插入不锈钢卡扣中，另一侧边凹槽也插入不锈钢卡扣，并用自攻螺钉安装在龙骨上。以此类推，直到安装最后一块铺板时，在侧边凹槽斜向打入螺钉，使铺板固定在龙骨上（图4-25）。

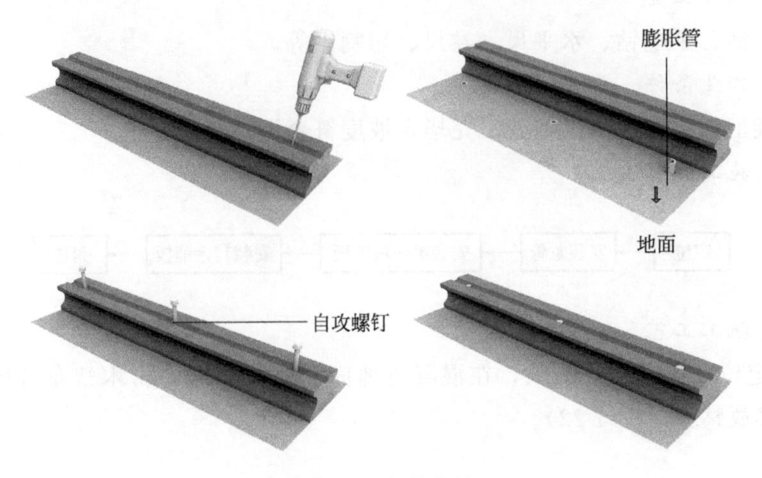


图 4-23　安装龙骨

图 4-24　安装起始卡件

图 4-25　安装其余铺板

⑤ 封边　铺板安装完毕后，用自攻螺钉将封边条固定在地板侧边上（图 4-26）。

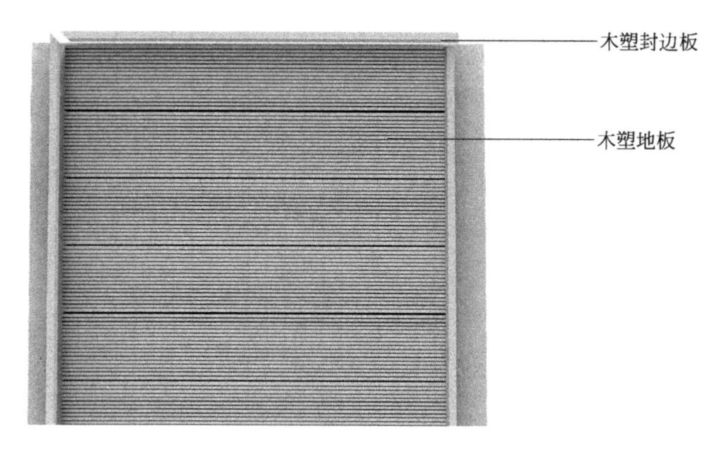


图 4-26　封边

（7）注意事项

龙骨间距需要依据产品性能、厚度、结构等进行设置，一般选择厂家推荐的跨距，不可随意增加跨距。

龙骨的材质包括钢材、铝合金、木塑、塑料等，不可使用木龙骨、防腐木龙骨，因木质材料容易吸水膨胀变形开裂，减弱握螺钉力，影响铺板使用。

木塑铺板长度不宜超过 4000mm，铺板与建筑物相连处预留 10～20mm 伸缩缝，长度方向相邻铺板的伸缩缝尺寸通过铺板长度和线性膨胀系数计算而得。

混凝土基础厚度不低于 100mm，地面水平误差 ±30mm，如遇到地面不平整，应用垫片垫平。

为了排水通畅，混凝土基础上还需留淌水槽，龙骨安装时注意不要阻碍排水。

露台上的混凝土层较薄，为了防止安装过程破坏防水层而导致漏水，不可使用膨胀螺栓安装龙骨。宜将各钢龙骨焊接连接，并铺放在露台混凝土表面，调整水平，再用不锈钢连接件将铺板和钢龙骨连接。

（8）技术要求

安装的木塑铺板应满足表 4-8 所示指标。

**表 4-8　木塑铺板的技术要求**

| 序号 | 项目 | 单位 | 指标 |
|---|---|---|---|
| 1 | 长度 | mm | 允许偏差 0～5 |
| 2 | 宽度 | | 允许偏差 ±1 |
| 3 | 厚度 | | 允许偏差 ±0.8 |

续表

| 序号 | 项目 | 单位 | 指标 |
| --- | --- | --- | --- |
| 4 | 扭曲度 | mm/m | ≤1.5 |
| 5 | 翘曲度 | | ≤3.0 |
| 6 | 线性膨胀系数 | ℃$^{-1}$ | ≤$7\times10^{-5}$ |
| 7 | 弯曲破坏载荷 | N | ≥3200 |
| 8 | 弯曲强度 | MPa | ≥30 |
| 9 | 弯曲弹性模量 | | ≥2500 |
| 10 | 无缺口抗冲击强度 | kJ/m$^2$ | ≥5 |
| 11 | 老化性能 | MPa | ≥24 |
| | 2000h老化后弯曲强度 | | |
| 12 | 老化性能 | | ≥2000 |
| | 2000h老化后弯曲弹性模量 | | |
| 13 | 热变形温度 | ℃ | ≥70 |

## 4.10.2 木塑围栏安装

（1）技术准备

熟悉和审查施工图纸，做好技术、环境、安全交底工作。

（2）材料准备

立柱连接件、膨胀螺栓、自攻螺钉、木塑立柱、木塑横栏、木塑竖栏、底座、盖帽、塑料榫头、塑料套筒连接件等。

（3）施工工具

冲击钻、手电钻、水平尺、卷尺、切割锯等。

（4）作业条件

混凝土基础和排水设施施工完毕，坡度符合设计要求。

（5）施工流程

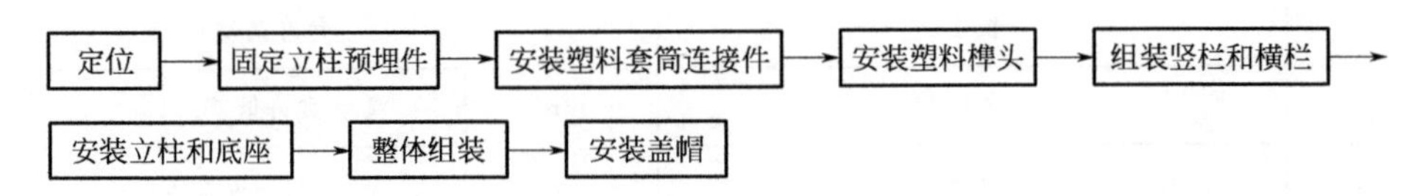

（6）施工工艺

① 定位　按照设计图纸，在混凝土地面上画出立柱和膨胀螺栓位置进行定位（图 4-27）。

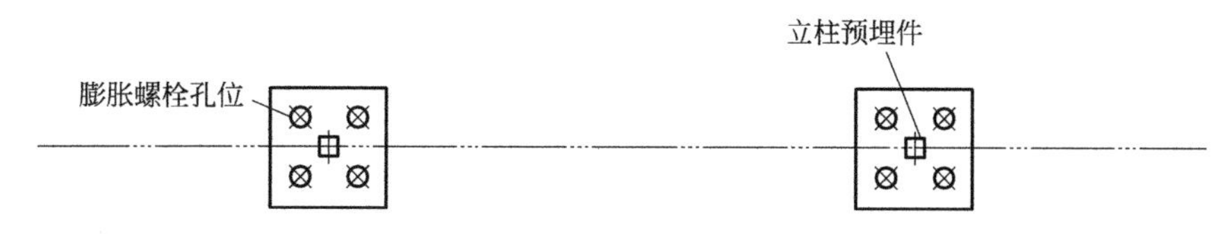


图 4-27　立柱定位

② 固定立柱预埋件　在混凝土地面上预钻孔，用膨胀螺栓将立柱预埋件和地面连接，用水平尺校正（图 4-28）。

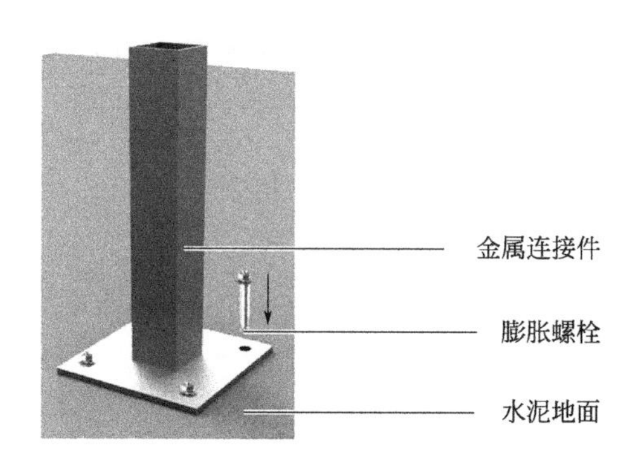


图 4-28　立柱预埋件安装

③ 安装塑料套筒连接件　确定木塑横栏位置，用自攻螺钉将塑料套筒连接件固定在立柱上（图 4-29）。

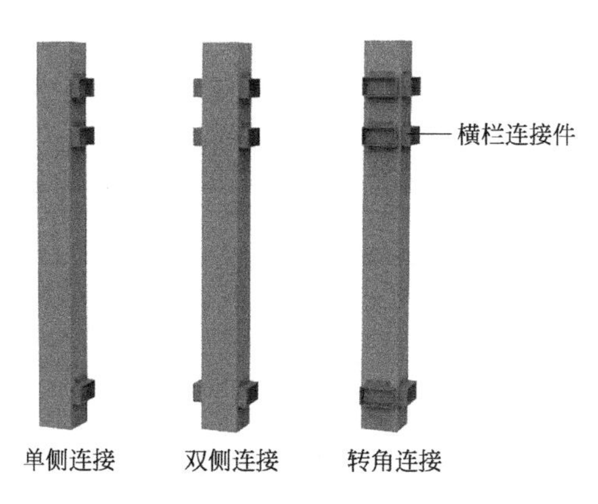


图 4-29　安装塑料套筒

④ 安装塑料榫头　确定竖栏位置，将塑料榫头用自攻螺钉固定在上横栏和下横栏上（图 4-30）。

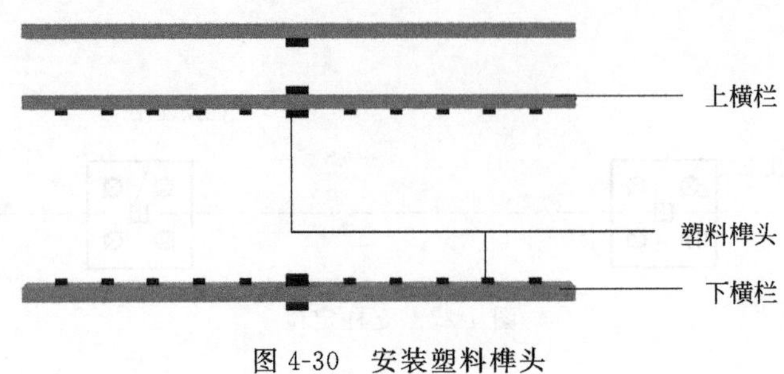


图 4-30　安装塑料榫头

⑤ 组装竖栏和横栏。将中空的木塑竖栏分别插入下横栏的塑料榫头上，再通过塑料榫头将上横栏和竖栏相连接（图 4-31）。

⑥ 安装立柱和底座　将底座置于立柱预埋件上方，将木塑立柱自上而下插入立柱预埋件中（图 4-32）。

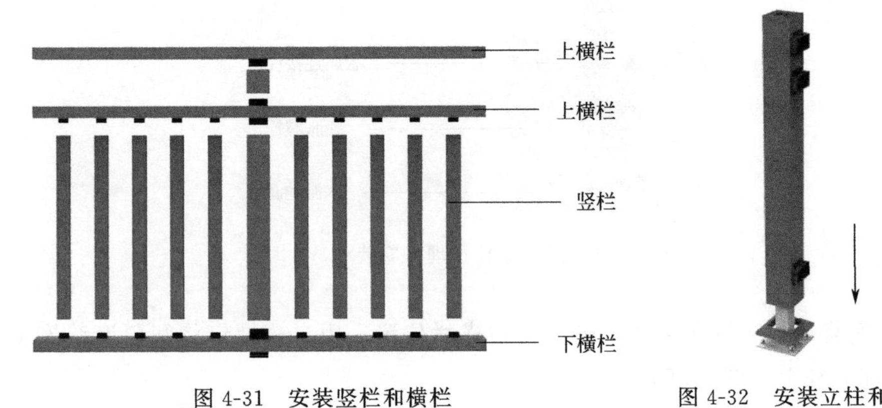


图 4-31　安装竖栏和横栏　　　图 4-32　安装立柱和底座

⑦ 整体组装　将组装好的竖栏、横栏分别置入两侧立柱上的塑料套筒连接件中，以此类推，将所有立柱、竖栏、横栏相连。

⑧ 安装盖帽　将塑料盖帽、木塑盖帽等利用胶粘、卡扣连接等方式和立柱相连（图 4-33）。

（7）注意事项

立柱预埋件高度不低于 350mm，其尺寸根据立柱尺寸而定，其中的钢管和底板焊接牢靠。

立柱的安全高度不低于 1200mm，扶手到地面的距离不低于 1100mm，竖栏间隙不超过 110mm。

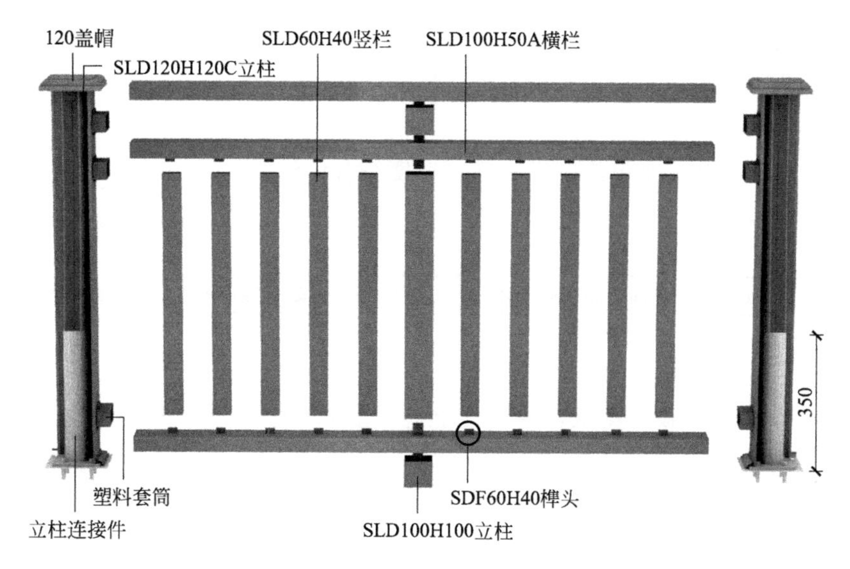


图 4-33　木塑围栏安装

立柱预埋件必须做好防锈处理。

(8) 技术要求

木塑围栏的安装需要满足表 4-9 所示指标。

**表 4-9　木塑围栏安装技术要求**

| 序号 | 项目 | 单位 | 指标 |
| --- | --- | --- | --- |
| 1 | 高度 | mm | 允许偏差±3 |
| 2 | 长度 | | 允许偏差±5 |
| 3 | 宽度 | | 允许偏差±3 |
| 4 | 外观 | — | 无裂纹、无明显色差 |

## 4. 10. 3　木塑廊架安装

木塑廊架造型多样，可分为单臂廊架、双臂廊架、单层廊架、双层廊架、弧形廊架等。本节仅以单层双臂廊架为例讲解。

(1) 技术准备

熟悉和审查施工图纸，做好技术、环境、安全交底工作。

(2) 材料准备

立柱连接件、钢管、膨胀螺栓、对穿螺栓、钻尾螺栓、木塑立柱、木塑横梁、木塑刀片等。

(3) 施工工具

冲击钻、手电钻、水平尺、卷尺、切割锯等。

(4) 作业条件

混凝土基础和排水设施施工完毕，坡度符合设计要求。

(5) 施工流程

(6) 施工工艺

① 定位　按照设计图纸，在混凝土地面上画出立柱和膨胀螺栓位置进行定位（图 4-34）。

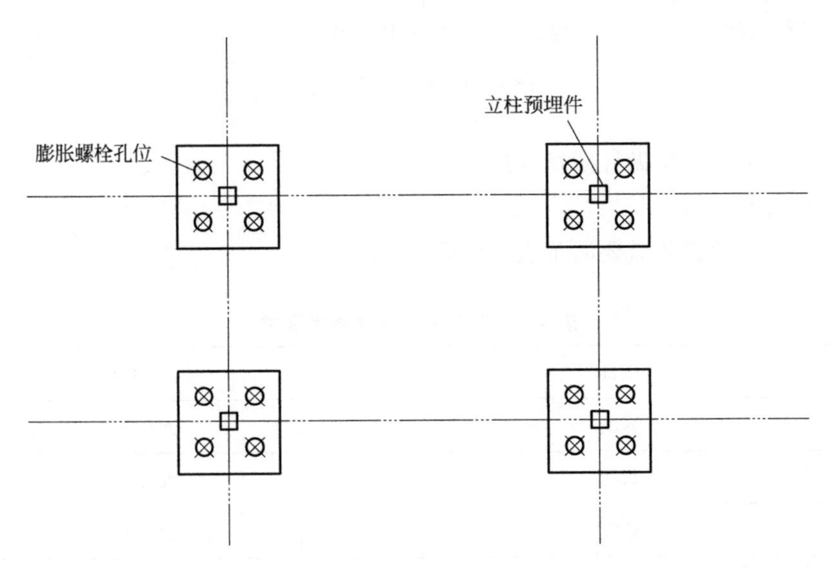


图 4-34　廊架定位

② 固定立柱预埋件　在混凝土地面上预钻孔，用膨胀螺栓将立柱预埋件和地面连接，用水平尺校正。

③ 安装立柱　将木塑立柱插入立柱预埋件中，在适当位置用钻尾螺栓将两者连接固定（图 4-35）。

④ 安装横梁　将穿过钢管的木塑横梁嵌入立柱槽内，对立柱和横梁进行钻孔，插入穿心螺栓并拧紧（图 4-36）。

⑤ 安装刀片　将木塑刀片两端相应位置开槽，刀片卡到横梁上，再从横梁顶部打入钻尾螺丝，从而将刀片和横梁固定起来（图 4-37）。

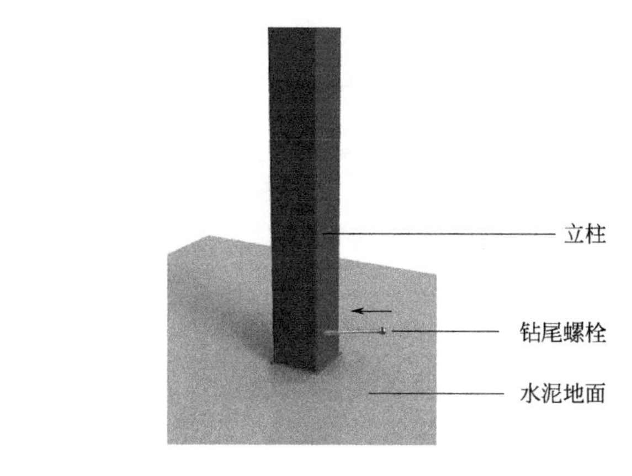


图 4-35　安装廊架立柱

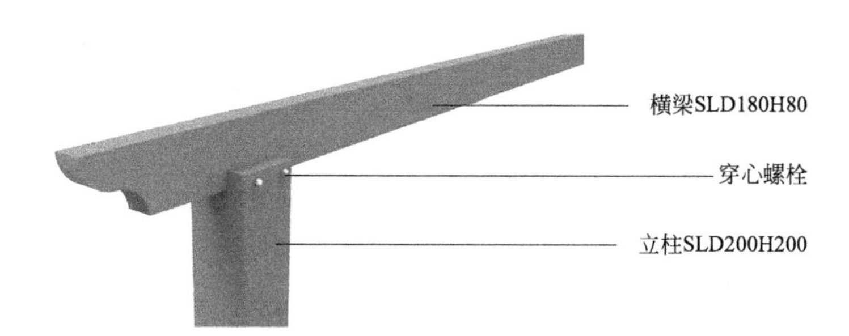


图 4-36　安装廊架横梁

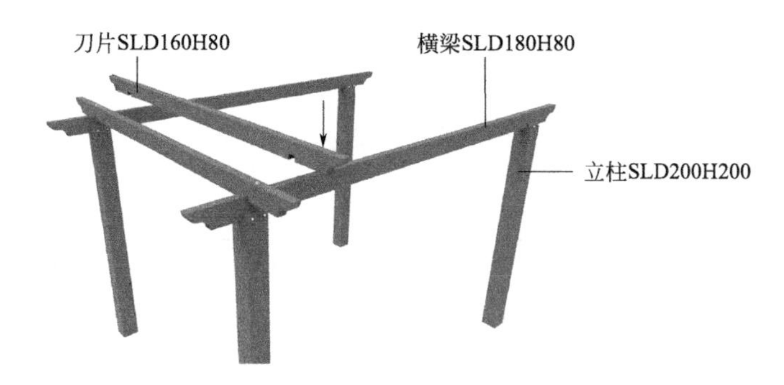


图 4-37　安装廊架刀片

（7）注意事项

立柱预埋件高度不低于 1000mm，其中的钢管和底板应焊接牢靠。

考虑到木塑材料的蠕变性能，当木塑刀片长度低于 5m 时，刀片内无需穿钢管；当刀片长度超过 5m 时必须穿钢管。

立柱预埋件和钢管必须做好防锈处理。

木塑廊架安装示意如图 4-38 所示。

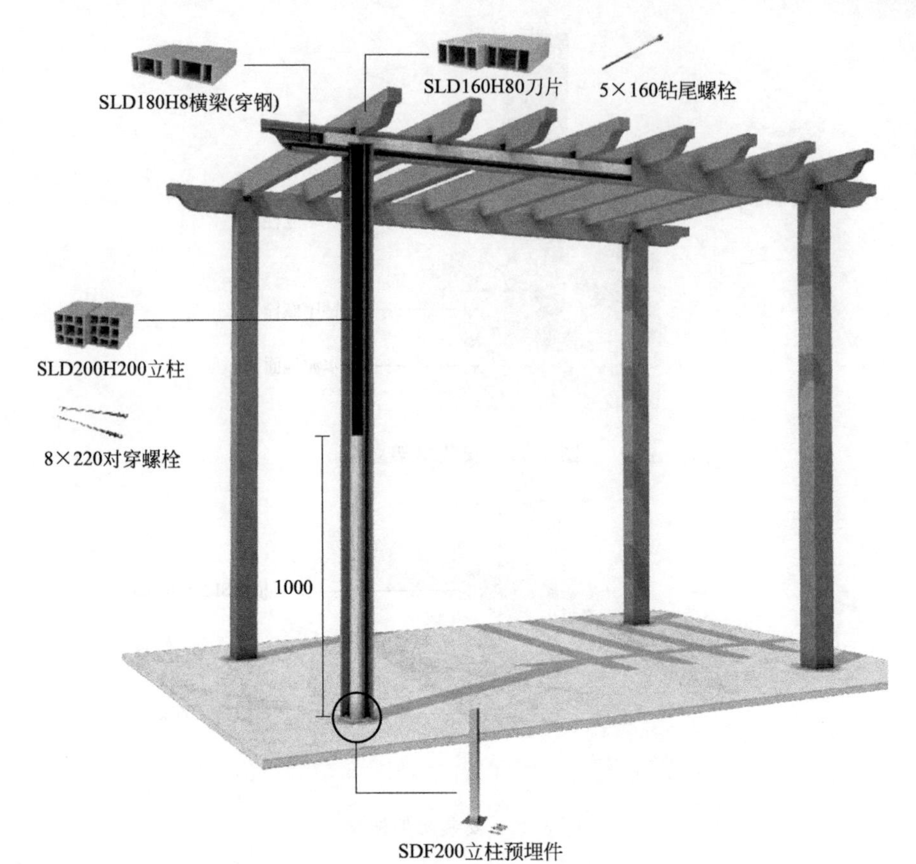


图 4-38 木塑廊架安装示意图

(8) 技术要求

木塑廊架安装应满足表 4-10 所示技术指标。

**表 4-10 木塑廊架安装技术要求**

| 序号 | 项目 | 单位 | 指标 |
|---|---|---|---|
| 1 | 高度 | mm | 允许偏差±3 |
| 2 | 长度 | | 允许偏差±5 |
| 3 | 宽度 | | 允许偏差±3 |
| 4 | 对角线差 | | ≤5 |
| 5 | 横梁挠度 | | ≤5 |
| 6 | 刀片挠度 | | ≤5 |
| 7 | 外观 | — | 无裂纹、无明显色差 |

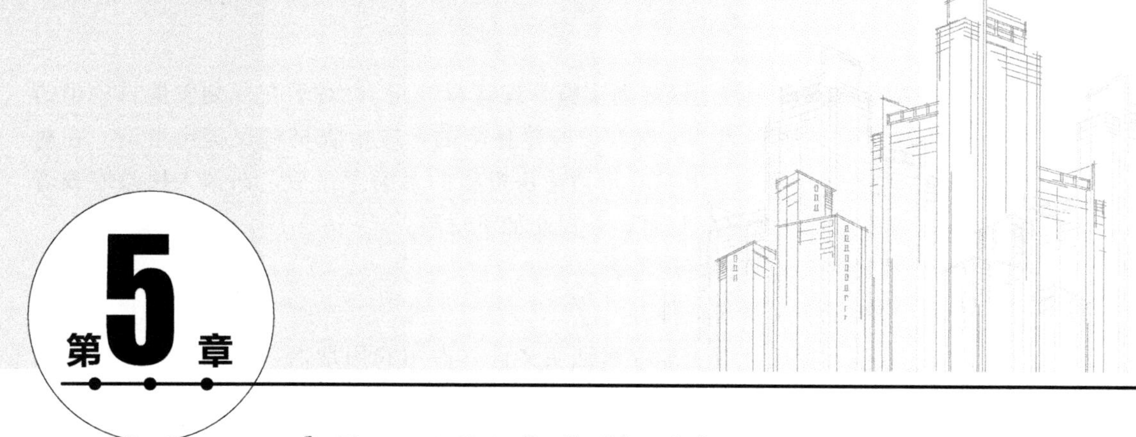


# 实际工程案例解读

本章节介绍一个轻钢房屋的典型案例，包括前期各种建房手续办理、项目的户型，结构和室内外环境设计，以及生产制造、施工和质量验收等一套房屋完整的建造流程。由于项目的结构设计图纸多达数百张，不能一一展现，本章将以一个主人房为例，详细介绍楼板桁架、楼板盒子、墙体、屋顶桁架、屋顶网片的轻钢结构设计图。

## 5.1 案例说明

项目位于江苏省南京市高淳区经济开发区南京旭华圣洛迪新型建材有限公司（简称“圣洛迪”）工厂内，共分为两层，一层建筑面积 180m$^2$，二层建筑面积 160m$^2$。圣洛迪是一家集设计、研发、制造、销售于一体的轻钢别墅和木塑装饰材料制造商，为了能让客户真实体验轻钢别墅的优势，促进别墅的销售，于是计划在工厂内建造一栋别墅样板房。通过企业近几年订单情况分析和市场趋势的调研，发现大部分农村客户喜欢欧美风格的别墅，因此本项目的轻钢别墅样板房定位为高端现代美式风格。

## 5.2 手续办理

由于我国各地农村的自建房政策会有差异，因此，建房前要先了解清楚相关建房政策、需要什么材料、到哪些部门办理等信息。本书以南京地区为例，阐述相关自建房办理手续。

根据《南京市农村地区规划实施管理暂行规定》，对于在规划发展村中申请新建住宅或利用原有宅基地翻建、改建住宅的，应由农村村民提出申请，在村（社区）委员会出具确认其符合申请建房资格的书面意见后，向镇人民政府或者街道办事处申请办理规划许可，并提交如下材料：

① 建设工程规划许可申请表；

② 户籍证明和身份证件；

③ 宅基地使用证或土地权属证明文件（占用农用地的，需提供农用地转用证明文件）；

④ 村（社区）委员会意见，属于危房翻建的还应出具危房鉴定证明文件和镇人民政府或者街道办事处危房翻建审查同意意见；

⑤ 建筑物平面定位图、建筑高度示意图。

对于在规划城镇建设用地以外且近期无搬迁计划的一般村，经区规划、国土等部门和所在镇（街）认定为正当改善需求的村民建房，应允许村民利用已有宅基地进行住房建设，申请文件应参照规划发展村庄执行。

对于在规划城镇建设用地范围以内或近期计划搬迁的一般村，原则上不允许村民新建、翻建住宅，属危房确需翻建的按“原地、原面积、原层数”的原则进行建设。

镇（街）对村民的申请材料进行初审，符合条件的，由镇（街）组织在项目所在村及村（社区）委员会进行公示，公示时间不少于 10d，公示期满后 10d 内将村民申报材料、镇（街）初审意见和公示意见等报规划分局审核。规划分局应自受理之日起 20d 内做出决定。审核同意的，应核发建设工程规划许可证（建设工程规划许可证应注明“村”字样）。

在取得建设工程规划许可证后，应在 12 个月内办理验线手续。房屋建设不得侵占城乡规划确定的道路红线、绿地绿线、轨道交通橙线、河道保护蓝线、文物保护紫线。

农村自建住宅（含危房翻建）工程竣工后，应向镇人民政府或街道办事处申报核实。

## 5.3 项目设计

当客户确认在本人宅基地上允许建设轻钢房屋时，可通过各种广告渠道选择心仪的生产厂家。为了防止遇到一些皮包公司，往往需要到工厂实地考察。重点考察企业是否具有建筑设计资质，是否有专门的设计团队，是否有生产工厂以及工厂规模、样板房质量等。

进入设计阶段时，客户先自己或企业派人来丈量土地，营销人员和客户初步沟通，了解其需求，如几层楼、各房间的数量及布局等。营销人员将客户需求、土地实况等信息反馈给设计人员，由设计人员画出平面布局图，经过和客户的反复沟通确定正式的平面布局图。然后再设计立面布局图，制定材料配置清单并报价。业主确认并支付定金后，设计人员进行轻钢房屋的深化设计，包括轻钢分解图、节点图、室内设计图、景观设计图等。企业生产或采购相关部品部件，然后运输到工地现场。客户找当地的建房施工队或自己的亲朋好友一起建房，企业派技术人员进行现场指导。建房完毕后按照客户自身意愿决定是否验收房屋质量。

### 5.3.1 户型设计

本项目定位为一个典型的五口之家，有两位老人、男女主人和一个小孩。男女主人和小孩平常在城市生活，周末或其他假期回到农村，而老人平常在农村生活。户型设定为五房两厅一厨三卫，即主人房、老人房、儿童房、客房、书房、厨房、两个客厅、主卫和两个次卫。

轻钢别墅有两个门，大门向东，后门向西。从庭院进入大门时，首先见到的是大门左侧的曲折回廊。打开大门是一条开放式玄关通道，玄关左侧是净空约6.5m的挑空大客厅，右侧是较为私密的会客区，陈设有酒柜、壁炉等。玄关对面是开放式厨房和餐厅，既适合做中餐也适合做西餐，主人在准备餐饮时还可和家人或客人沟通交流，从而营造出温馨的就餐环境。餐厅左边通道两侧分别是步梯和家用电梯，往里走有一个公共卫生间，以及一个老人房和一个客房。一楼平面布置如图5-1所示。

从步梯或家用电梯进入二楼，左侧是儿童房和次卫，右侧是书房。穿过书房是主人房，包括主卧、衣帽间和主卫。主卧中有一扇门通往露台，露台面积只有$10m^2$，但却是和家人、密友休闲、赏景、烧烤甚至冥想的好去处。二楼平面布置如图5-2所示。

### 5.3.2 环境设计

（1）室内设计

一楼顶面采用白色木塑集成墙板做吊顶，配以白色木塑阴角线，木塑集成墙板具有很强的通用性，既可以做墙板，也可做各种吊顶。木塑吊顶安装简单，在楼板下方的OSB上打上木龙骨，将木塑板材用不锈钢卡扣连接在木龙骨上即可。一楼顶面布置如图5-3所示。

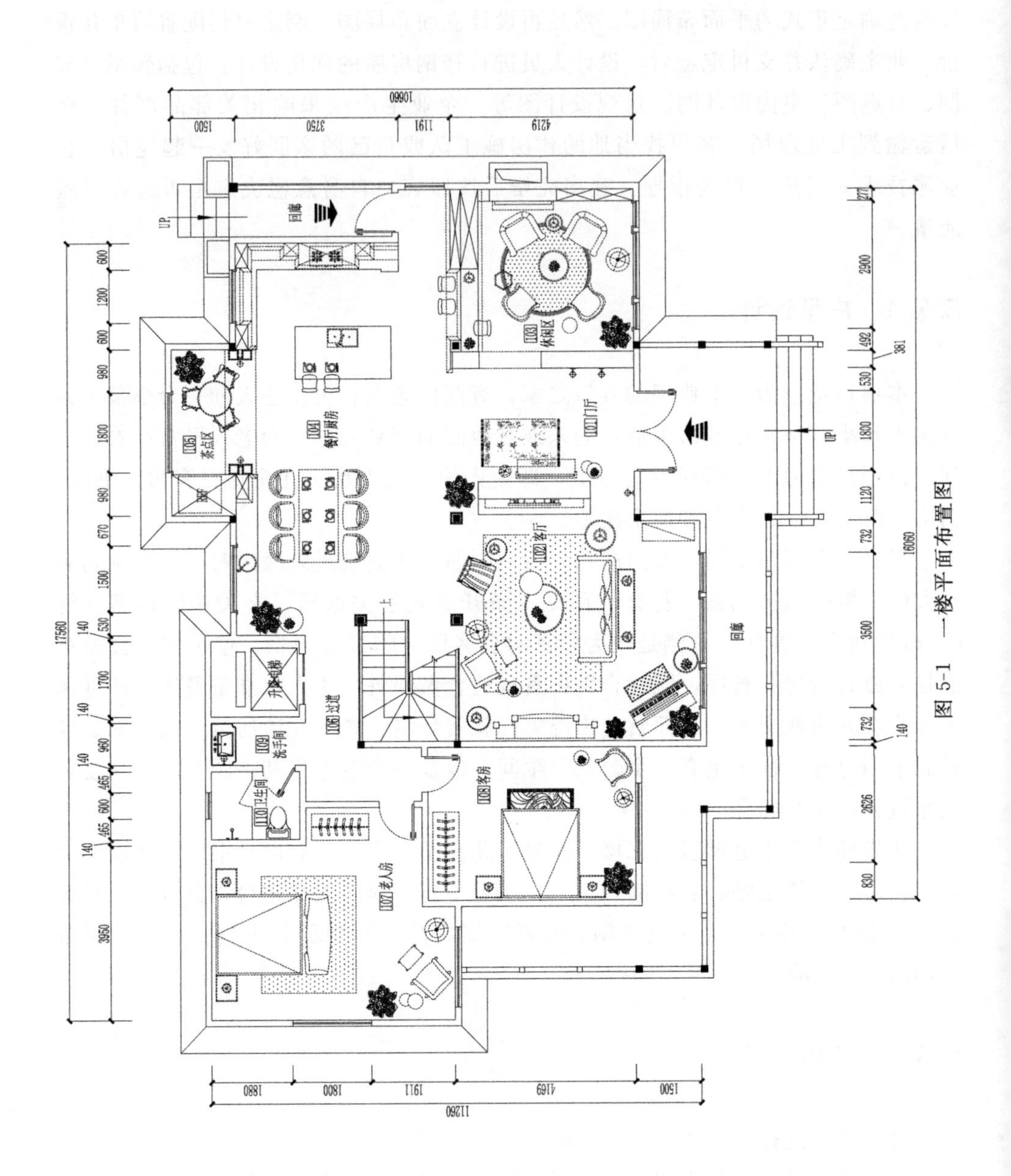
回廊
L04 餐厅厨房
L01 门厅
L02 客厅
L03 休闲区
L05 茶点区
L06 过道
L09 洗手间
L10 卫生间
L07 老人房
L08 客房
升降电梯
UP
10660
11260
17560
16060

图 5-1　一楼平面布置图

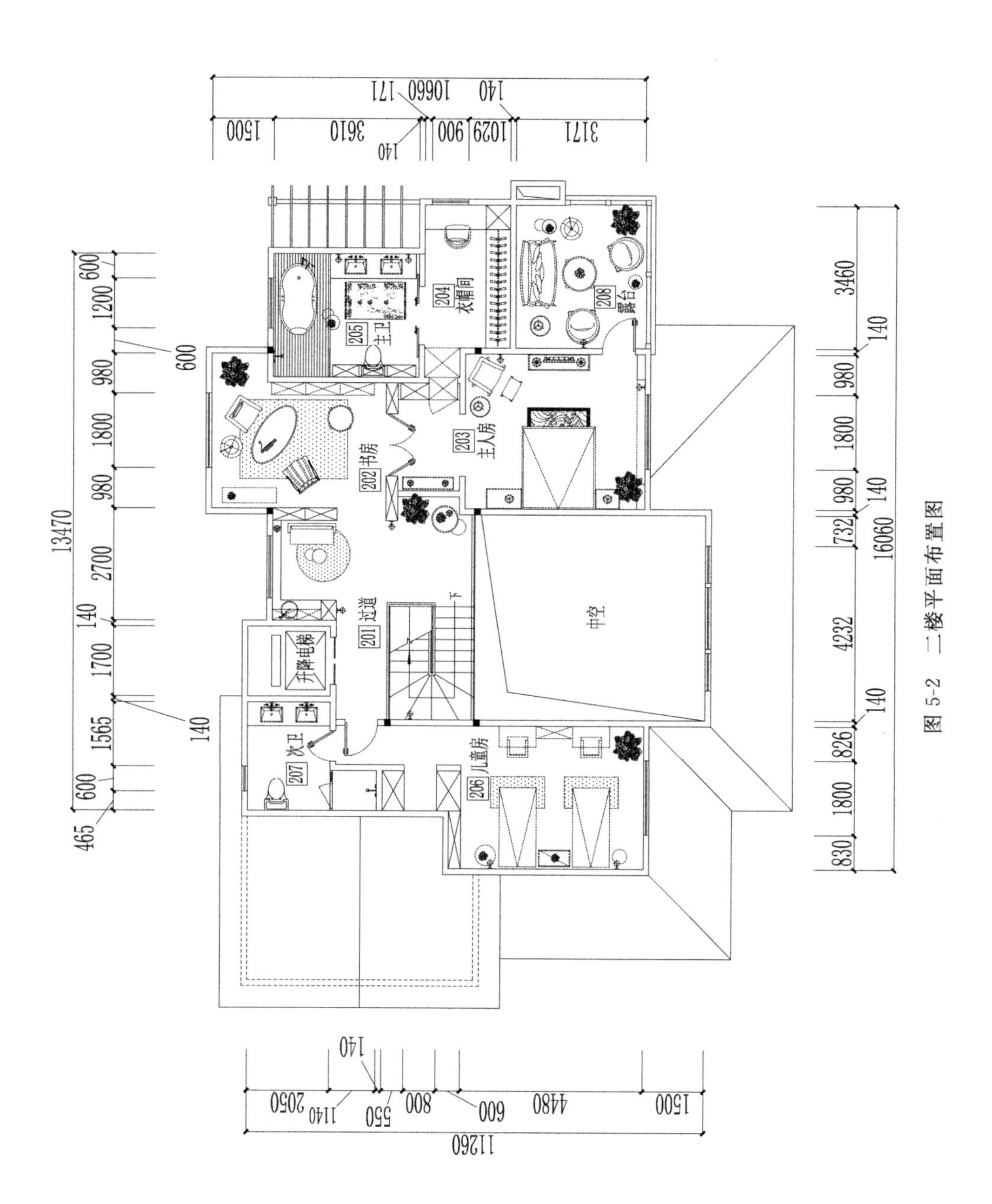


图 5-2 二楼平面布置图

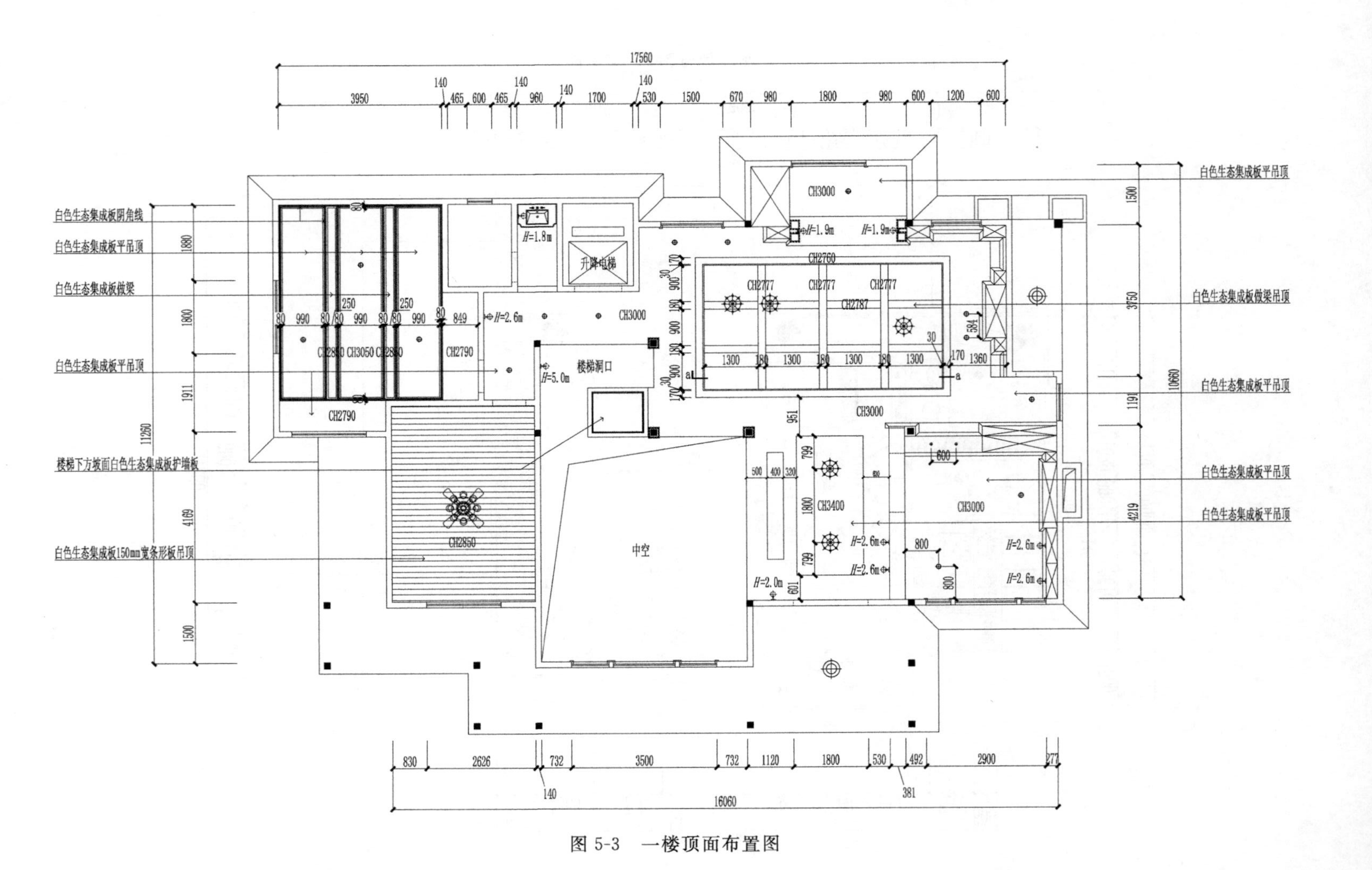

白色生态集成板阴角线
白色生态集成板平吊顶
白色生态集成板假梁
白色生态集成板平吊顶
楼梯下方坡面白色生态集成板护墙板
白色生态集成板150mm宽条形板吊顶
白色生态集成板平吊顶
白色生态集成板假梁吊顶
白色生态集成板平吊顶
白色生态集成板平吊顶
白色生态集成板平吊顶
升降电梯
楼梯洞口
中空


图 5-3　一楼顶面布置图

室内大门右边有三个开关，分别是控制挑台吊灯的双控双联开关，控制玄关三个壁灯的单控三联开关，以及控制茶点区两个壁灯的双控单联开关。会客区中安装了一个控制壁灯和吸顶灯的单控四联开关。厨房中有一个单控双联开关和一个单控三联开关，分别控制着三个吊灯和四个吸顶灯。楼梯间有双控双联开关控制楼梯壁灯和走廊吸顶灯。老人房中的两个双控双联开关控制三个吸顶灯。一楼照明布线图如图 5-4 所示。

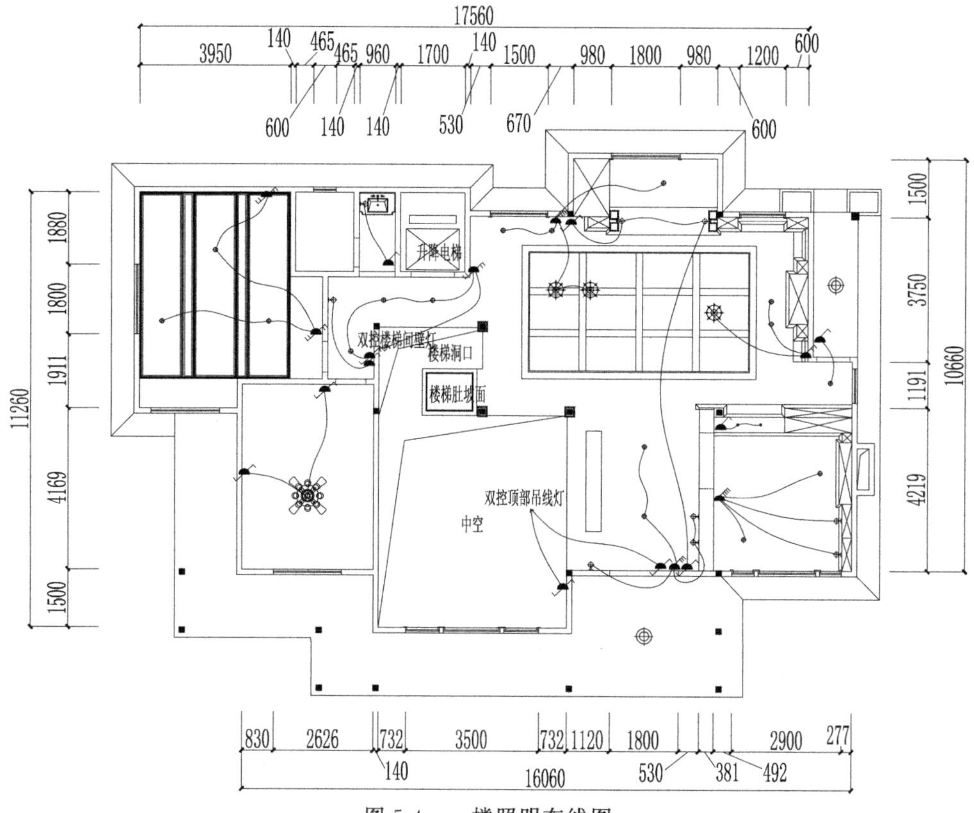


图 5-4　一楼照明布线图

一楼卫生间中安装了防水插座，其余均为常规五眼插座。厨房中抽油烟机的插座标高为 2.2m，茶点区插座标高为 0.5m，其余插座标高均为 1.3m。一楼插座布置图如图 5-5 所示。

二楼的儿童房、主卫和次卫的顶部都采用木塑集成吊顶，主卧、衣帽间、书房的顶部都采用墙纸铺贴。二楼顶面布置图如图 5-6 所示。

二楼步梯间有一个双控双联开关，分别控制步梯和过道的壁灯，还有一个双控单联开关控制客厅的壁灯。儿童房的门口和床边安装了双控双联开关，控制屋顶的三个吸顶灯，床两侧分别安装了一个单控单联开关控制壁灯。次卫中的单控单联开关控制次卫衣帽间的吸顶灯，单控三联开关则控制两个壁灯和一个吸顶

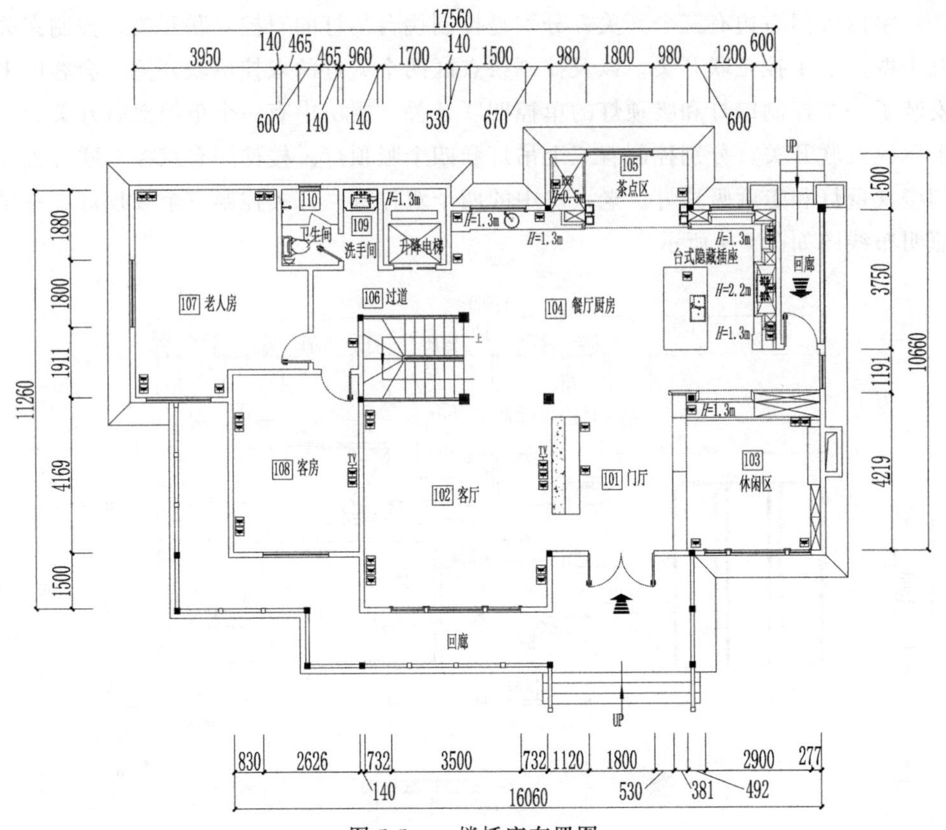


图 5-5 一楼插座布置图

灯。书房中的双控双联开关控制书房的三个吸顶灯。主卧的单控双联开关控制两个壁灯，双控单联开关则控制吸顶灯。衣帽间门外的单控双联开关控制衣帽间和主卫的吸顶灯，主卫的两个单控单联开关分别控制两个壁灯。露台上的单控单联开关控制露台壁灯。二楼照明布线图如图 5-7 所示。

二楼的主卫、次卫和露台各有两个防水开关，其余均是常规五眼插座，所有插座标高是 1.3m。二楼插座布置图如图 5-8 所示。

下面以二楼主卧为例，介绍室内立面装饰（图 5-9～图 5-12）。室内墙面均为白色集成墙板，搭配蓝灰色装饰线条和阴角线，装修主色调为白色和蓝灰色。房间中有美式风格的床、床头柜、边几、电视柜等，主色调为深色木系。整体装修华贵、高雅而不浮夸，线条色彩丰富，呈现浓郁的现代美式风格。

（2） 室外设计

轻钢别墅的地台采用文化石装饰，一楼外墙为红木色木塑户外墙板，二楼外墙为白色木塑户外墙板。一楼回廊和二楼的露台均采用深棕色的木塑共挤地板，以及白色铝合金/木塑围栏做装饰。北立面有一个采用文化石装饰的仿制壁炉烟囱，屋顶装饰了青灰色的沥青瓦（图 5-13～图 5-16）。

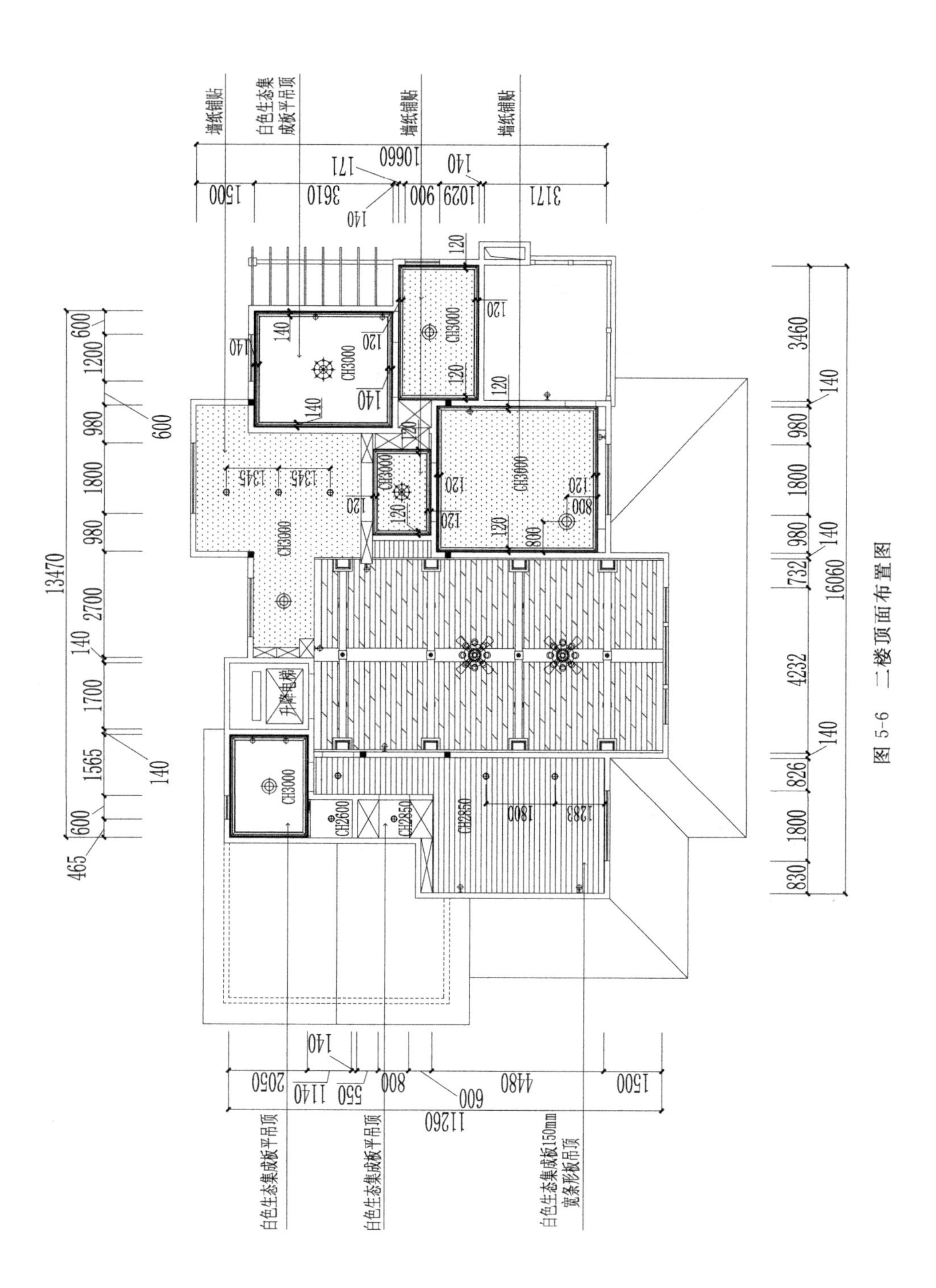
墙纸铺贴
白色生态集成板平吊顶
墙纸铺贴
墙纸铺贴
10660
1500
3610
900
1029
3171
171
140
140
13470
600
1200
980
1800
980
2700
140
1700
1565
600
465
CH3000
升降电梯
CH2600
CH2850
3460
140
980
1800
980
140
732
16060
4232
140
826
1800
830
11260
2050
1140
550
800
600
4480
1500
白色生态集成板平吊顶
白色生态集成板平吊顶
白色生态集成板150mm宽条形板吊顶
图 5-6 二楼顶面布置图

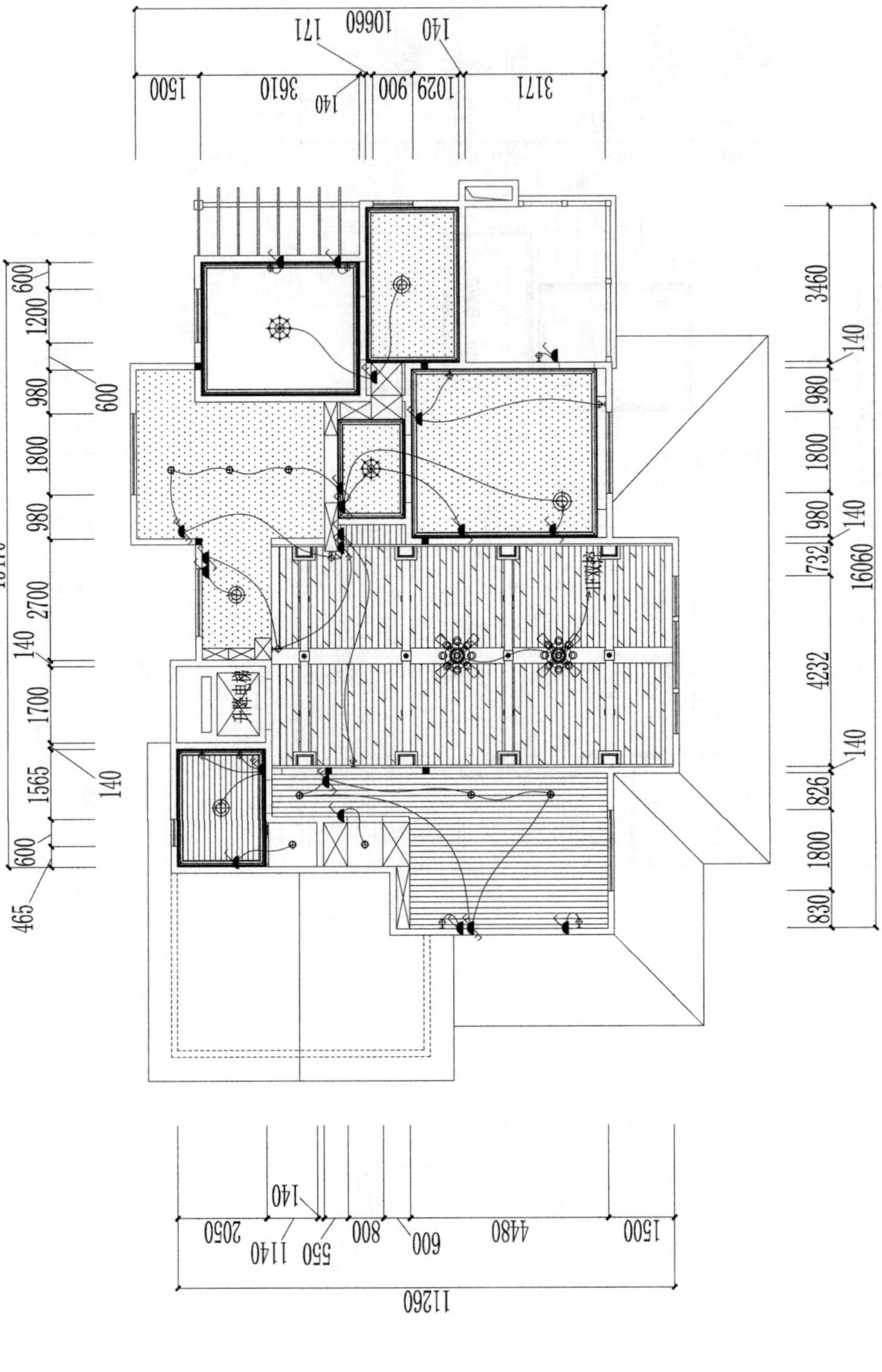

图 5-7　二楼照明布线图

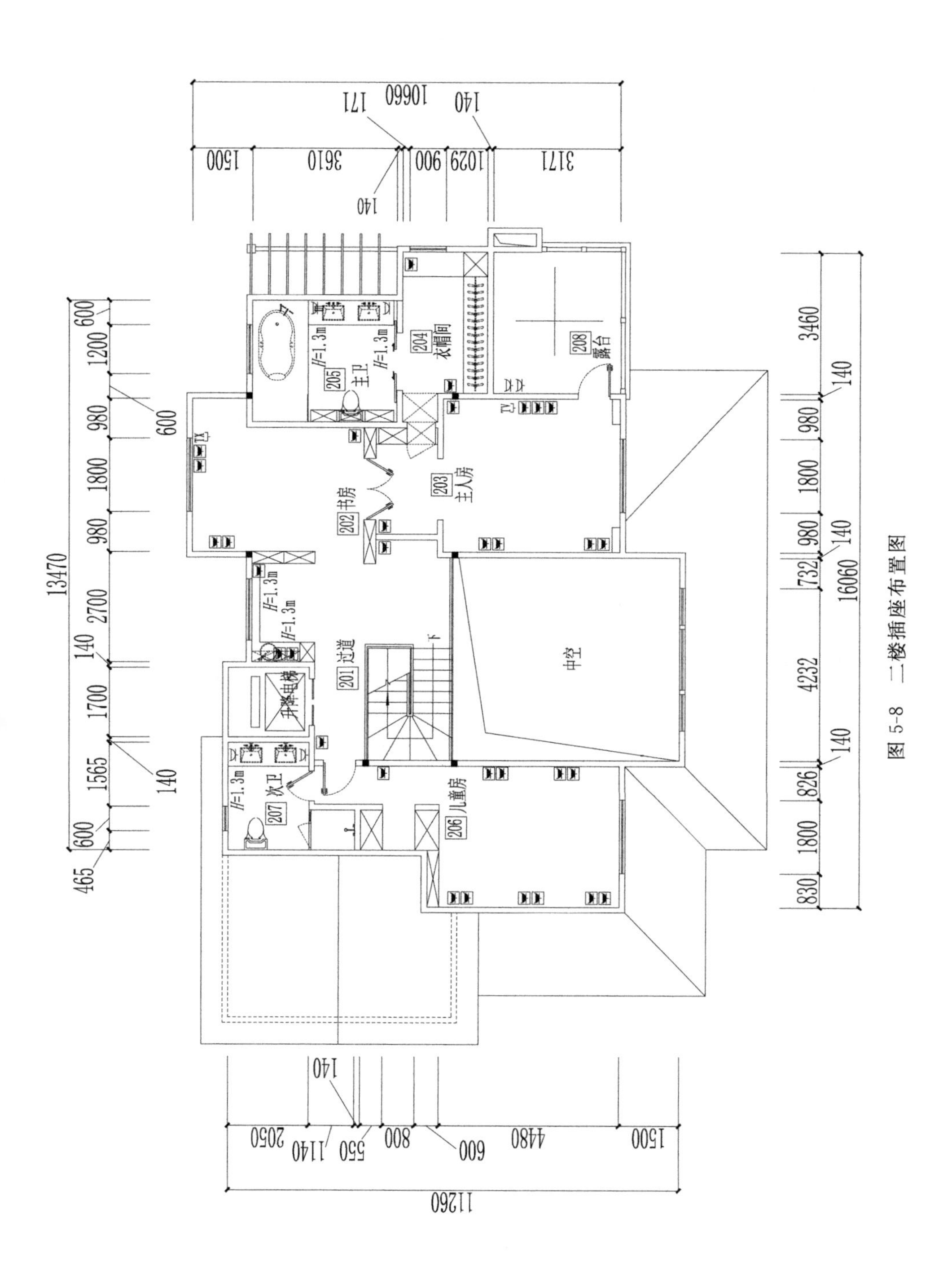


图 5-8　二楼插座布置图

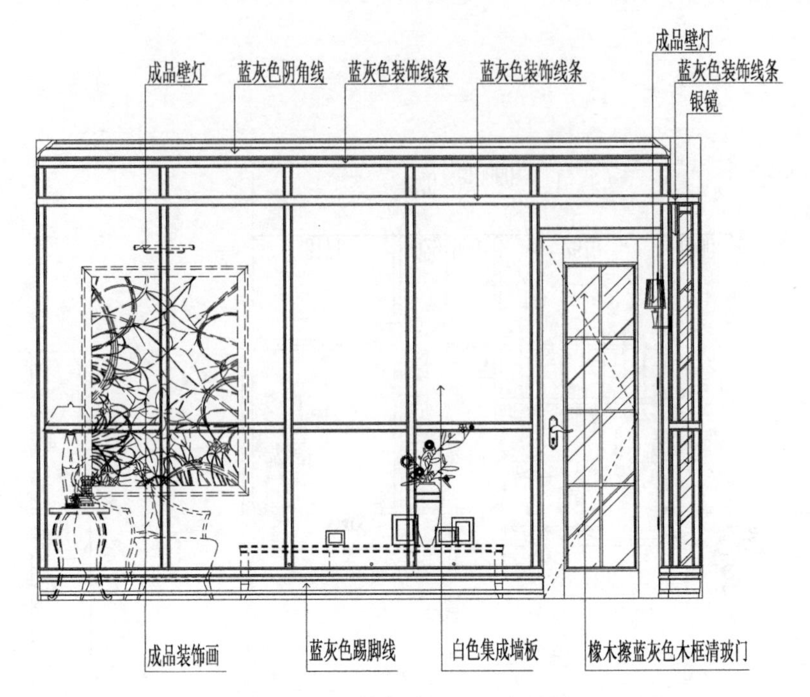


图 5-9　二楼主卧 B 立面布置图

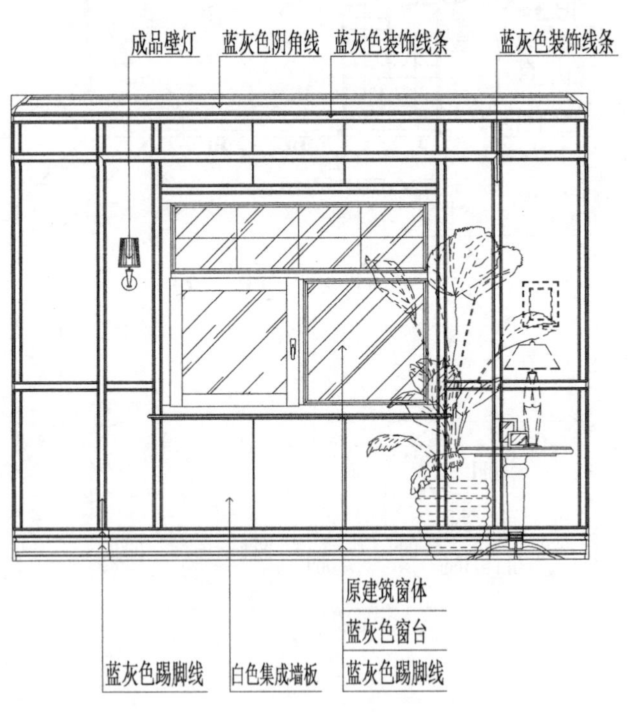


图 5-10　二楼主卧 C 立面布置图

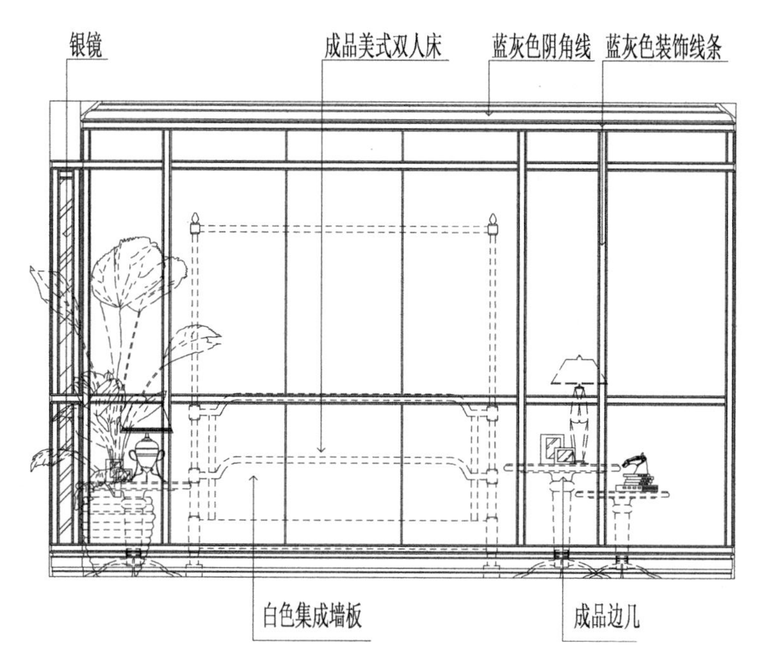


图 5-11　二楼主卧 D 立面布置图

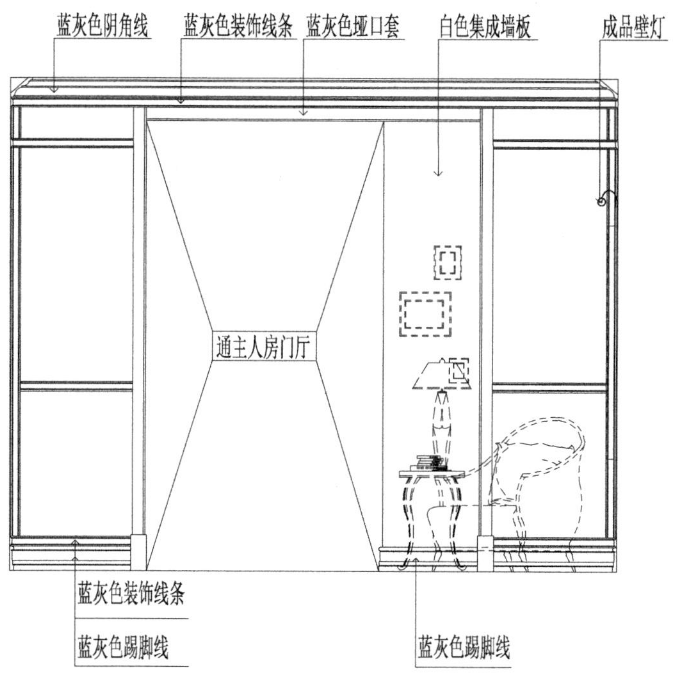


图 5-12　二楼主卧 E 立面布置图

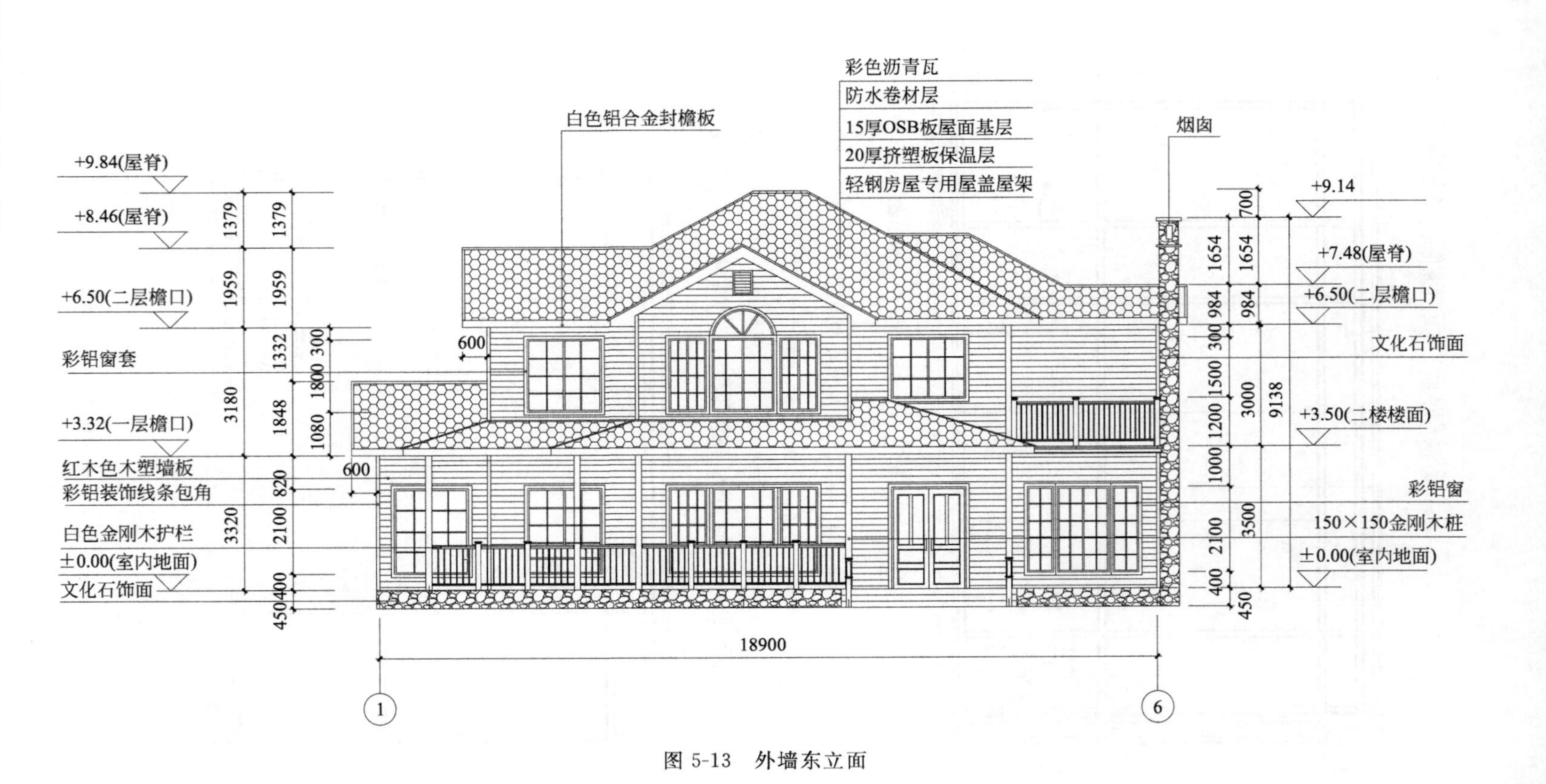
彩色沥青瓦
防水卷材层
15厚OSB板屋面基层
20厚挤塑板保温层
轻钢房屋专用屋盖屋架
白色铝合金封檐板
烟囱
+9.84(屋脊)
+8.46(屋脊)
+6.50(二层檐口)
彩铝窗套
+3.32(一层檐口)
红木色木塑墙板
彩铝装饰线条包角
白色金刚木护栏
±0.00(室内地面)
文化石饰面
+9.14
+7.48(屋脊)
+6.50(二层檐口)
文化石饰面
+3.50(二楼楼面)
彩铝窗
150×150金刚木桩
±0.00(室内地面)
18900
600
600

图 5-13 外墙东立面

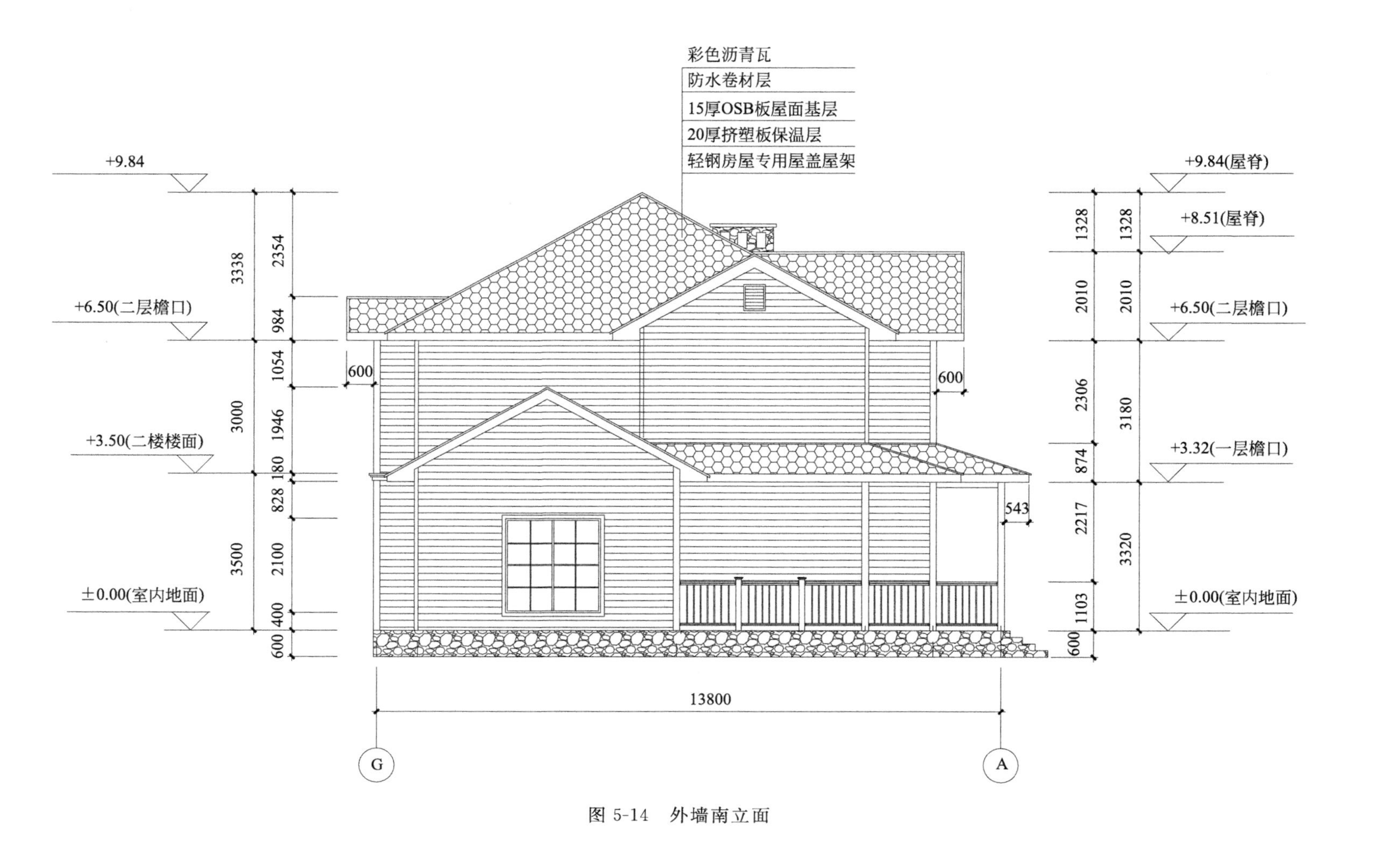
彩色沥青瓦
防水卷材层
15厚OSB板屋面基层
20厚挤塑板保温层
轻钢房屋专用屋盖屋架
+9.84
+6.50(二层檐口)
+3.50(二楼楼面)
±0.00(室内地面)
+9.84(屋脊)
+8.51(屋脊)
+6.50(二层檐口)
+3.32(一层檐口)
±0.00(室内地面)
3338
2354
984
3000
1054
1946
180
3500
828
2100
400
600
1328
1328
2010
2010
2306
3180
874
2217
3320
1103
600
600
600
543
13800
G
A

图 5-14 外墙南立面

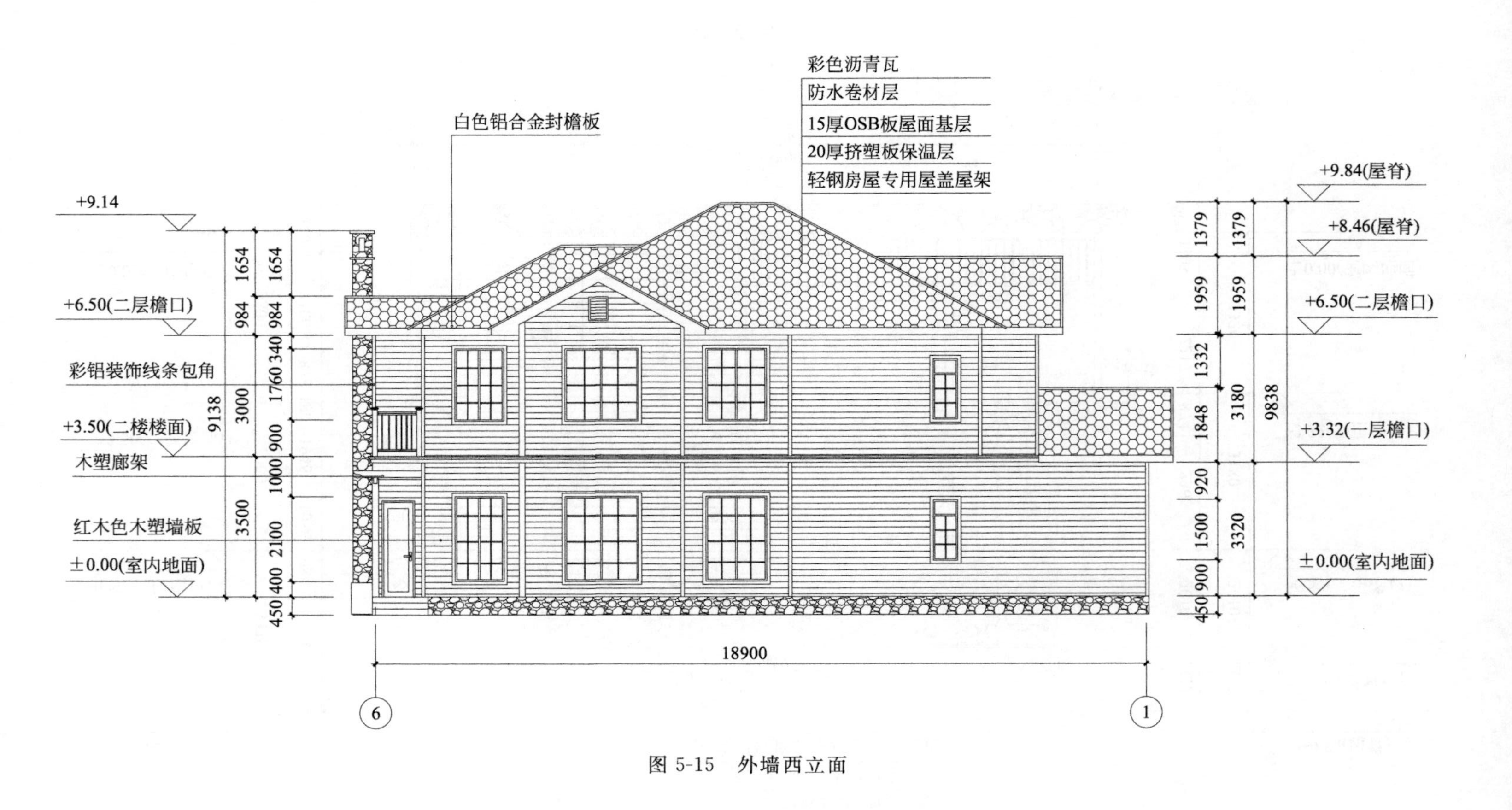

彩色沥青瓦
防水卷材层
15厚OSB板屋面基层
20厚挤塑板保温层
轻钢房屋专用屋盖屋架
白色铝合金封檐板
+9.14
+6.50(二层檐口)
彩铝装饰线条包角
+3.50(二楼楼面)
木塑廊架
红木色木塑墙板
±0.00(室内地面)
1654 1654 984 984 340 1760 3000 9138 900 1000 3500 2100 400 450
+9.84(屋脊)
+8.46(屋脊)
+6.50(二层檐口)
+3.32(一层檐口)
±0.00(室内地面)
1379 1379 1959 1959 1332 1848 3180 9838 920 1500 3320 900 450
18900
6
1


图 5-15 外墙西立面

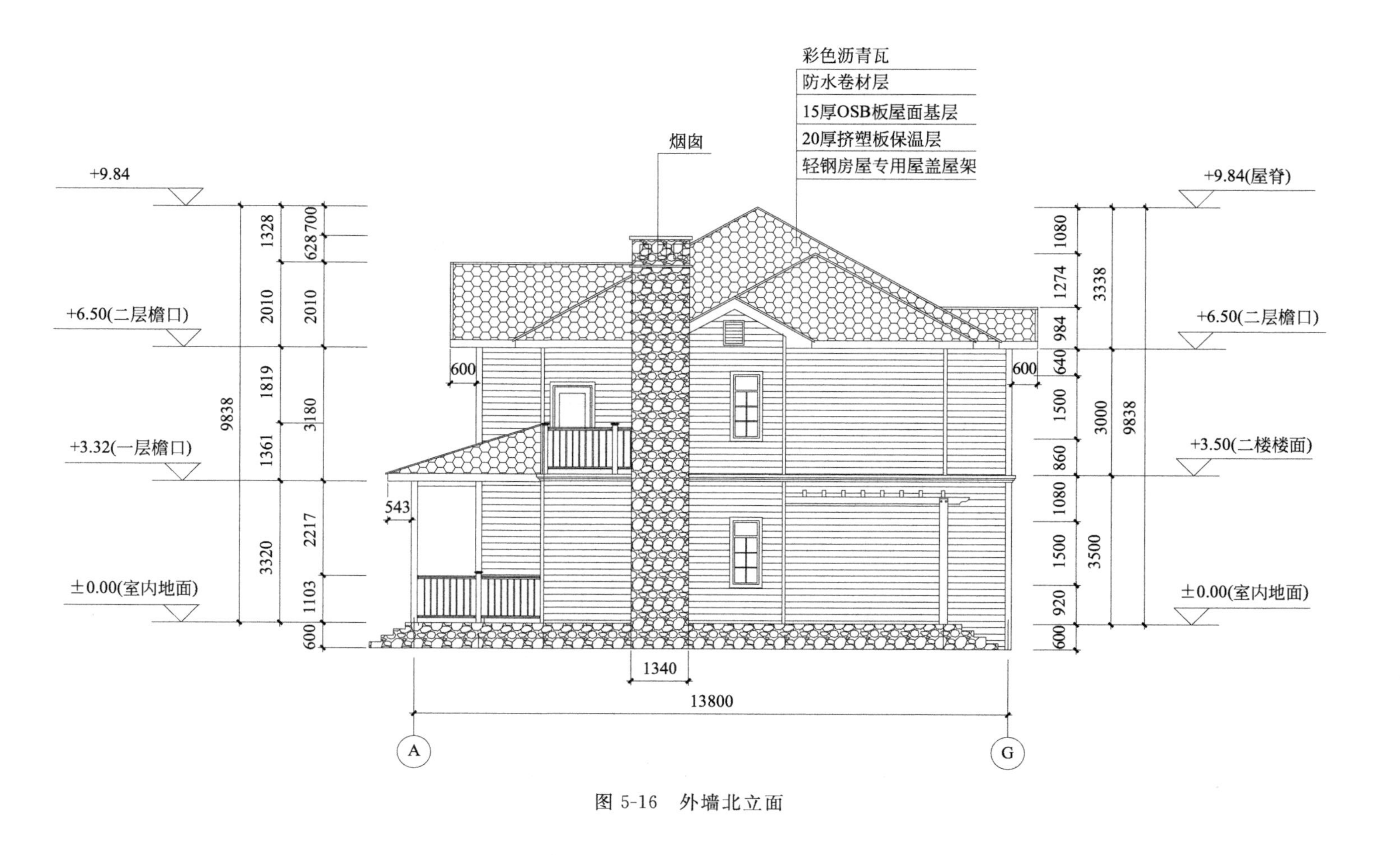

彩色沥青瓦
防水卷材层
15厚OSB板屋面基层
20厚挤塑板保温层
轻钢房屋专用屋盖屋架
烟囱
+9.84
+6.50(二层檐口)
+3.32(一层檐口)
±0.00(室内地面)
+9.84(屋脊)
+6.50(二层檐口)
+3.50(二楼楼面)
±0.00(室内地面)
1328
628
700
2010
2010
1819
3180
1361
3320
2217
1103
600
9838
600
600
543
1080
1274
984
640
1500
860
1080
1500
920
600
3338
3000
3500
9838
1340
13800
A
G

图 5-16 外墙北立面

## 5.3.3 结构设计

(1) 楼板桁架

楼板桁架均采用 89mm×41mm×11mm×1.0mm 的 C 型冷弯薄壁型钢。除了老人房上面的楼板桁架间距为 610mm，其余楼板桁架间距均是 406mm。这是因为老人房上面无二楼，所受载荷较小，故可设置较大的桁架间距，满足安全性能的同时可降低成本。主人房过道有两种规格楼板桁架 L8（3975mm×350mm）和 L10（4050mm×350mm）。主卧的楼板桁架只有一种规格 L11（3945mm×350mm）。主卫的楼板桁架为 L12（2455mm×350mm）和 L13（2455mm×295mm）。衣帽间有两种楼板桁架 L14 和 L24，尽管规格均为 3655mm×350mm，但两者在细部地方有所区别。为了保证整体强度，在楼板桁架两端各 1000mm 范围内，每个螺钉孔边再加强一颗螺钉（图 5-17～图 5-24）。

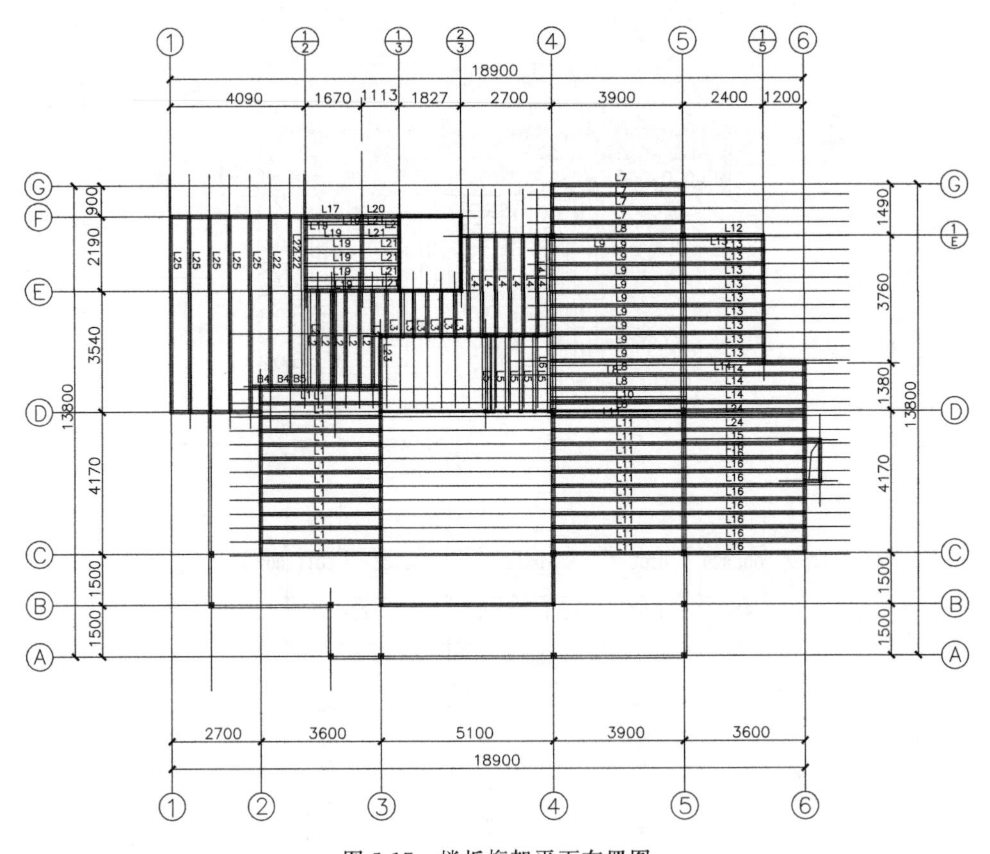


图 5-17 楼板桁架平面布置图

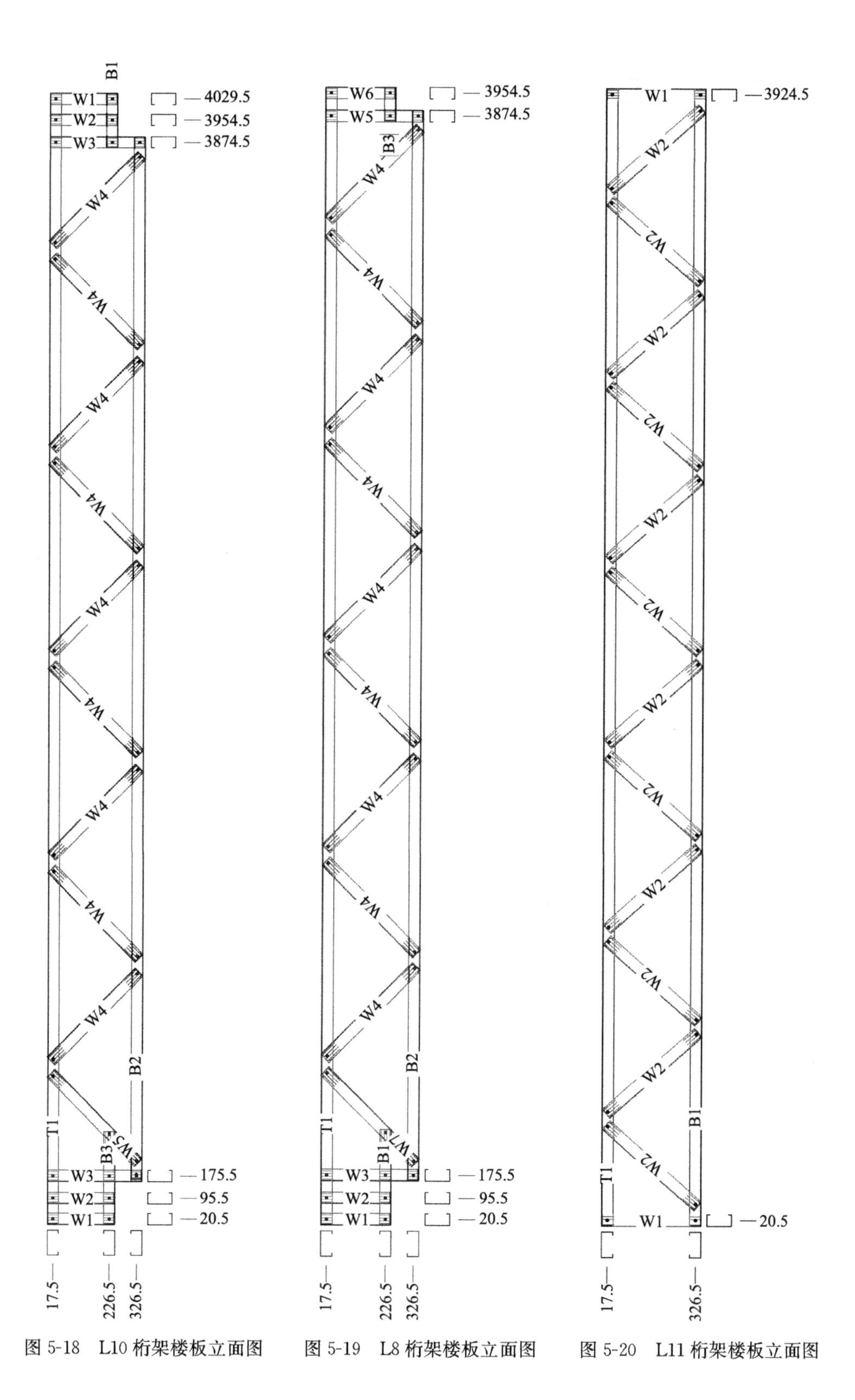

图 5-18 L10 桁架楼板立面图　　图 5-19 L8 桁架楼板立面图　　图 5-20 L11 桁架楼板立面图

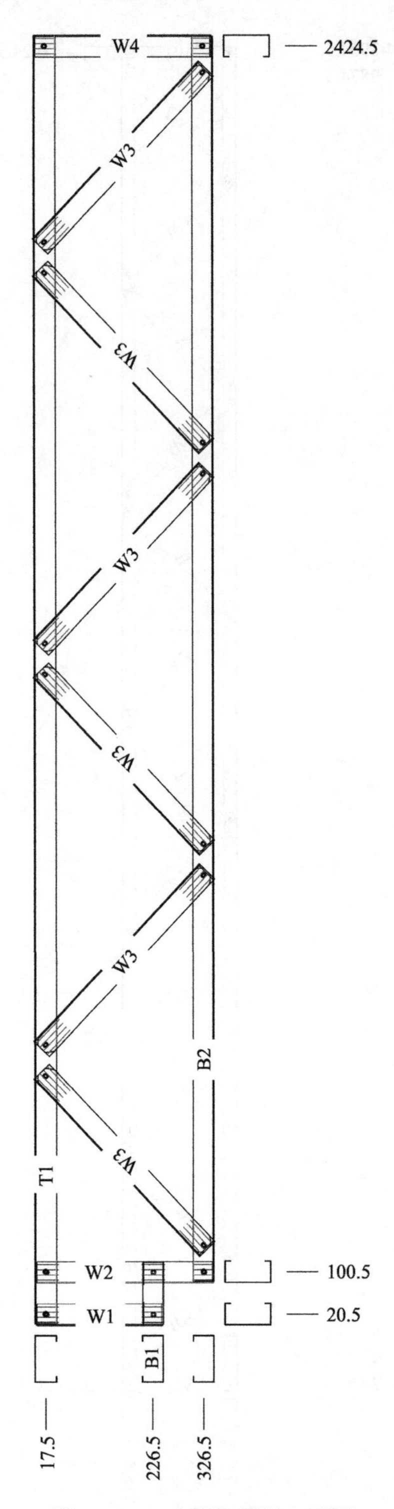


图 5-21　L12 桁架楼板立面图

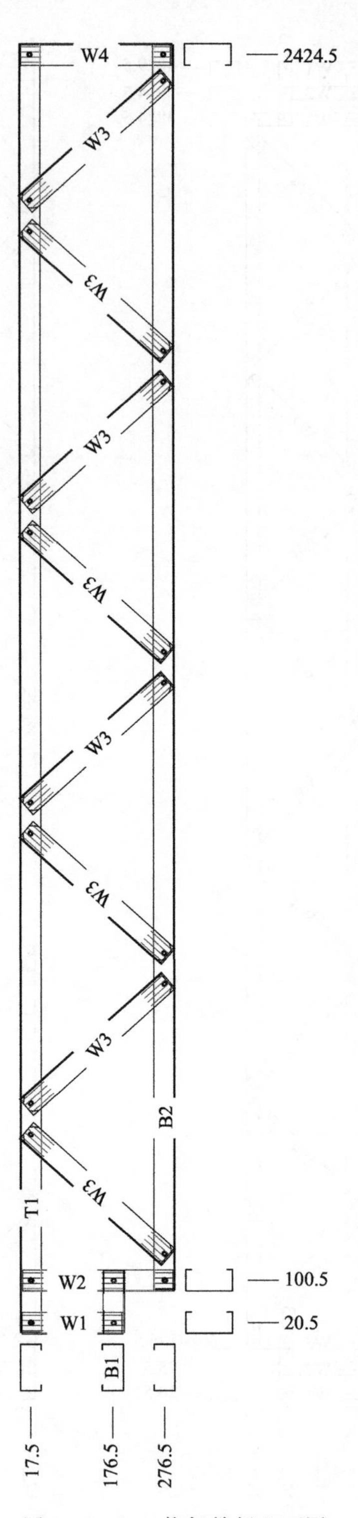


图 5-22　L13 桁架楼板立面图

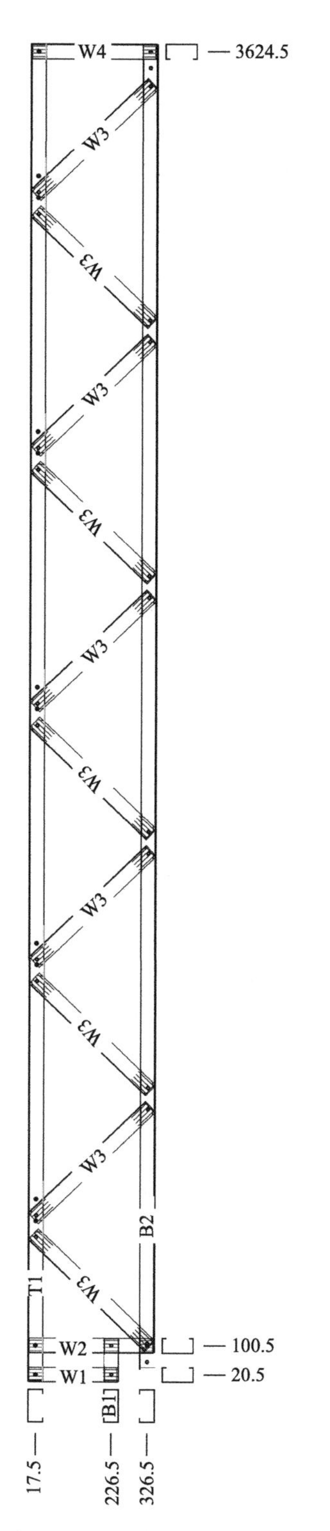


图 5-23　L14 桁架楼板立面图

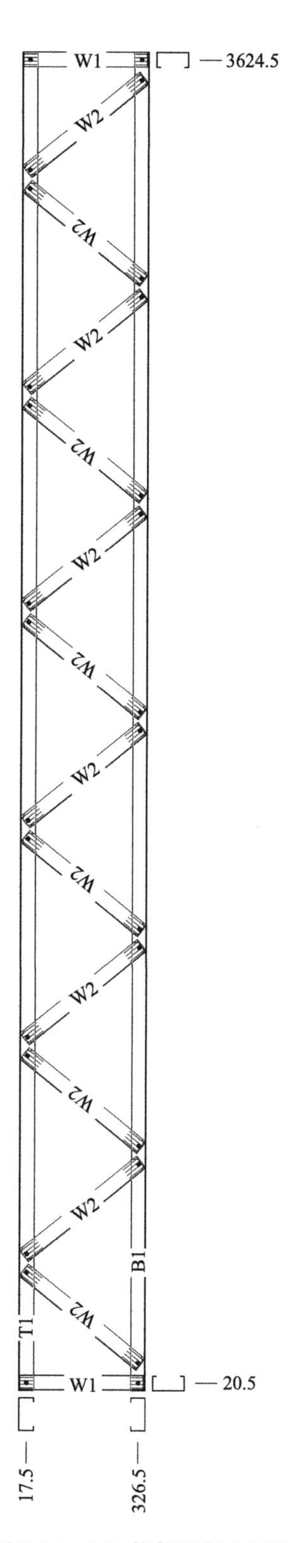


图 5-24　L24 桁架楼板立面图

(2) 楼板盒子

楼板盒子起支撑作用，同时防止楼板桁架倾斜。由于相邻桁架之间距离不同及梁的种类不同，本项目的楼板盒子共有33种规格，均采用89mm×41mm×11mm×0.8mm的C型冷弯薄壁型钢。楼板盒子平面布置图如图5-25所示。

主人房过道的楼板盒子分别是A1(345mm×315mm)、A14(345mm×270mm)、A17(345mm×200mm)、C1(245mm×315mm)、C3(245mm×225mm)和C4(245mm×200mm)。主卧共有五种楼板盒子，分别是A1、A14、A18(345mm×220mm)、C1和C5(245mm×125mm)。衣帽间的楼板盒子为A1、A16(345mm×225mm)、C1、C3和C4。主卫的楼板盒子为A1、A20(345mm×240mm)、D1(200mm×315mm)和D2(200mm×240mm)各种盒子的立面图，如图5-26～图5-37所示。

(3) 墙体

一楼轻钢墙体高度为3150mm，均采用89mm×41mm×11mm×1.0mm的C型冷弯薄壁型钢。玄关、客厅、厨房由于采用重钢柱，部分空间可不用轻钢墙体，从而形成了9m的大开间(图5-38)。

二楼轻钢墙体高度为3100mm，均采用89mm×41mm×11mm×0.8mm的C型冷弯薄壁型钢(图5-39)。之所以二楼使用0.8mm壁厚的钢材，是因为二楼墙体在垂直方向只承受较小的屋面载荷，而一楼墙体在垂直方向需要承受屋面载荷、二楼墙体荷载、二楼楼面荷载等，所承受的总荷载较大，故一楼墙体需要使用1.0mm壁厚的钢材。

二楼主卧由W224、W225、W226、W231、W232、W233、W234、W237和W240共九片墙体组成。W225和W240分别有两个门洞，W237有一个窗洞。在门窗洞口上方设置桁架式过梁，两侧设置洞口边立柱，立柱均从墙体底部直通至顶部。W225门洞口边立柱均为两根轻钢龙骨背靠背组合而成。W240门洞口左侧边立柱为两根轻钢龙骨背靠背组成，右侧仅为一根龙骨，这是因为门右侧共有三根立柱，其间距很短，可承受较大载荷。W237窗洞口边立柱也都是两根轻钢龙骨背靠背组合而成，但在洞口下方两侧各加了一根轻钢龙骨，这是为了更好承载窗户的重量。门窗洞口上部两侧一般用三根轻钢龙骨组合而成，均用1.2mm厚钢板加强，加强的螺钉间距不大于80mm。W226、W232、W233、W240均设置了K型支撑，起增强作用。墙体的横龙骨间距一般设置为1200mm。

二楼主人房过道墙体由W223组成，衣帽间墙体由W230、W236、W238和W241组成，主卫则由W220、W222、W228、W229、W230、W235组成(图5-40～图5-58)。

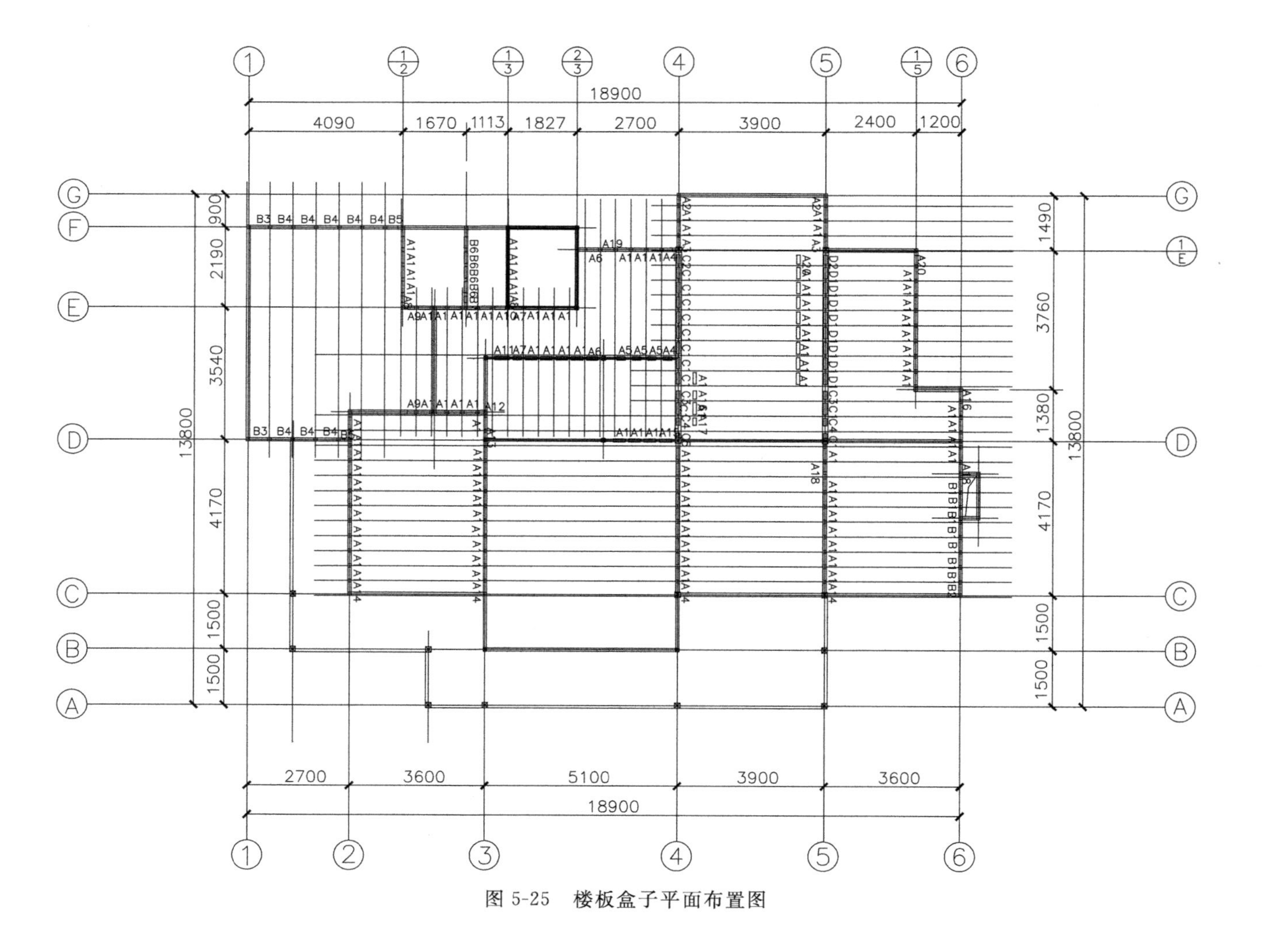


图 5-25 楼板盒子平面布置图

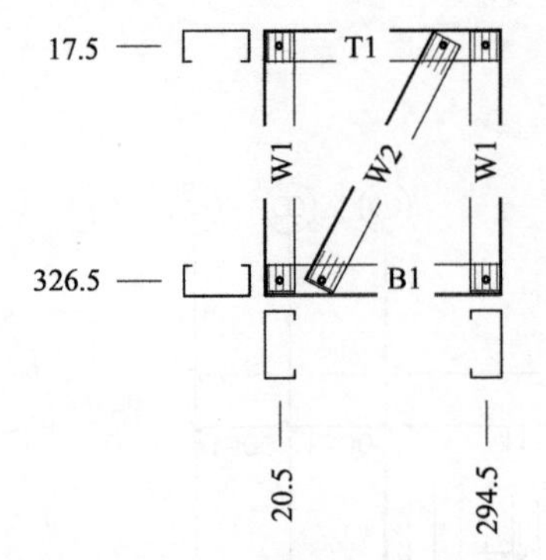


图 5-26　A1 楼板盒子立面图

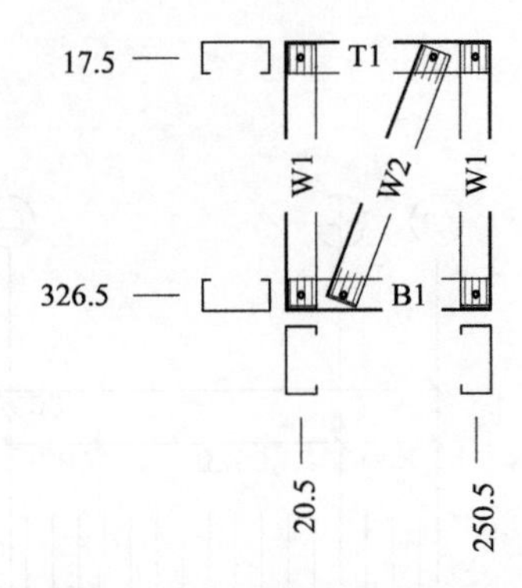


图 5-27　A14 楼板盒子立面图

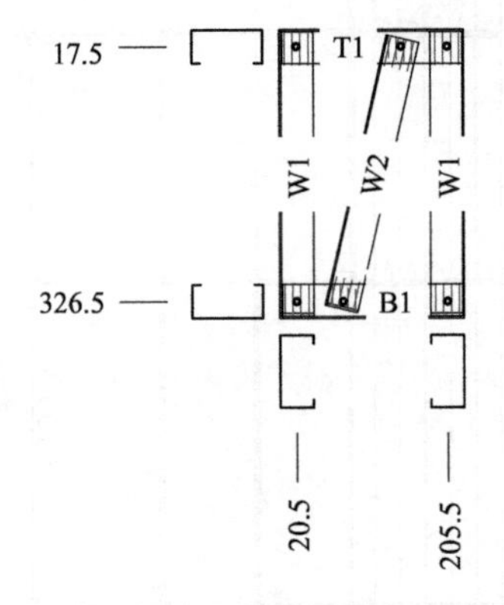


图 5-28　A16 楼板盒子立面图

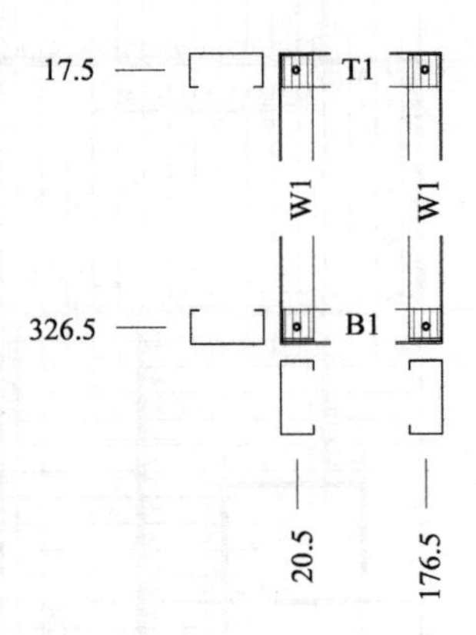


图 5-29　A17 楼板盒子立面图

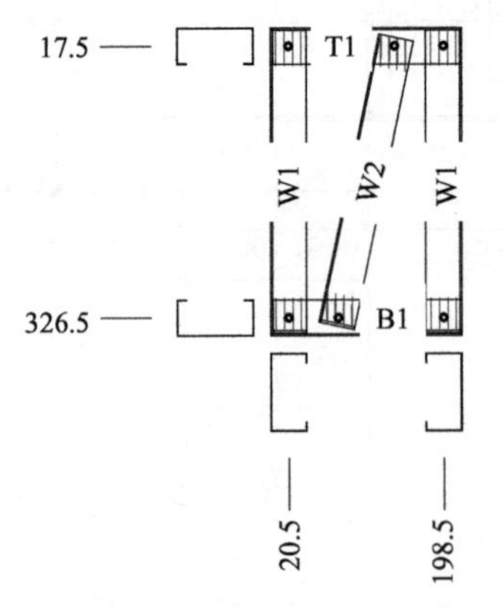


图 5-30　A18 楼板盒子立面图

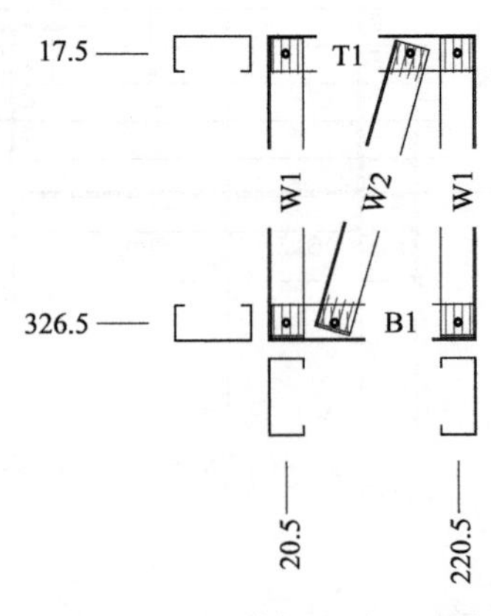


图 5-31　A20 楼板盒子立面图

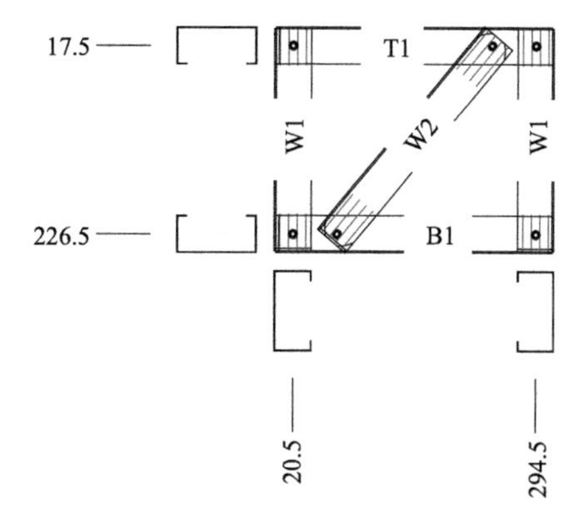


图 5-32　C1 楼板盒子立面图

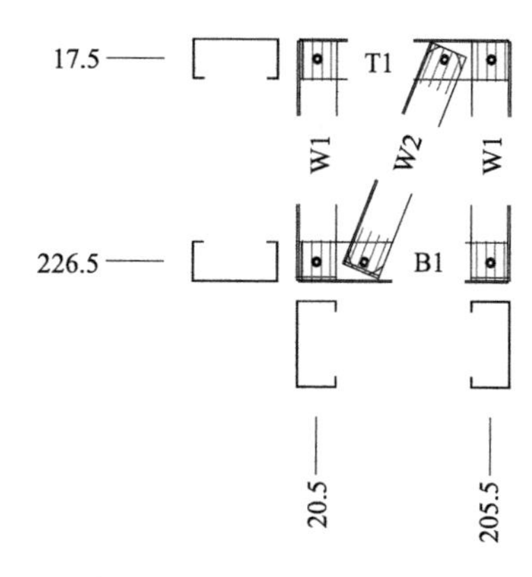


图 5-33　C3 楼板盒子立面图

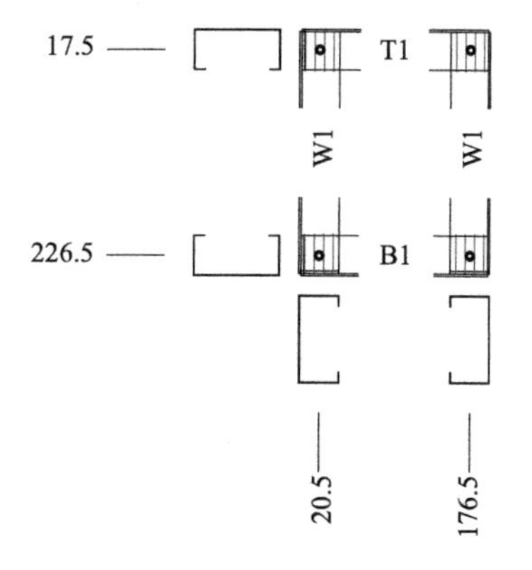


图 5-34　C4 楼板盒子立面图

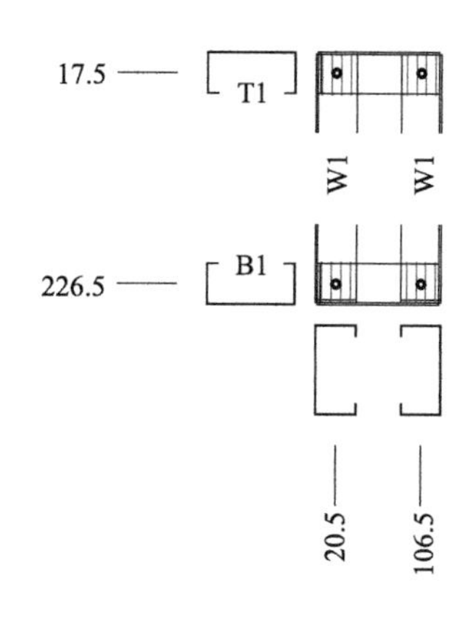


图 5-35　C5 楼板盒子立面图

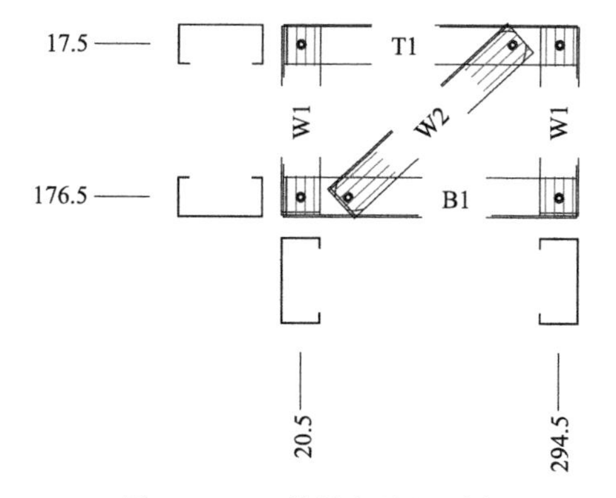


图 5-36　D1 楼板盒子立面图

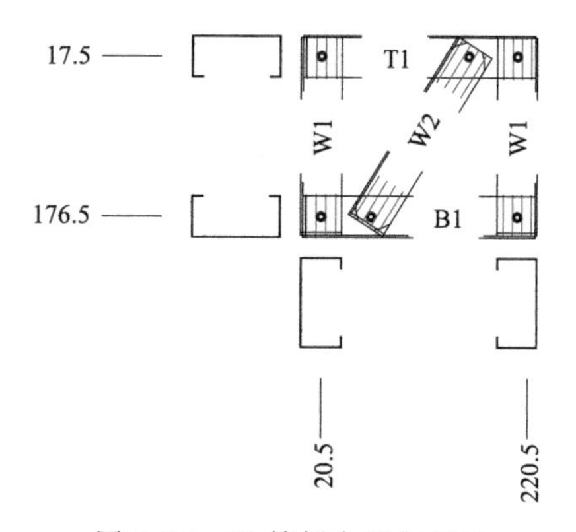


图 5-37　D2 楼板盒子立面图

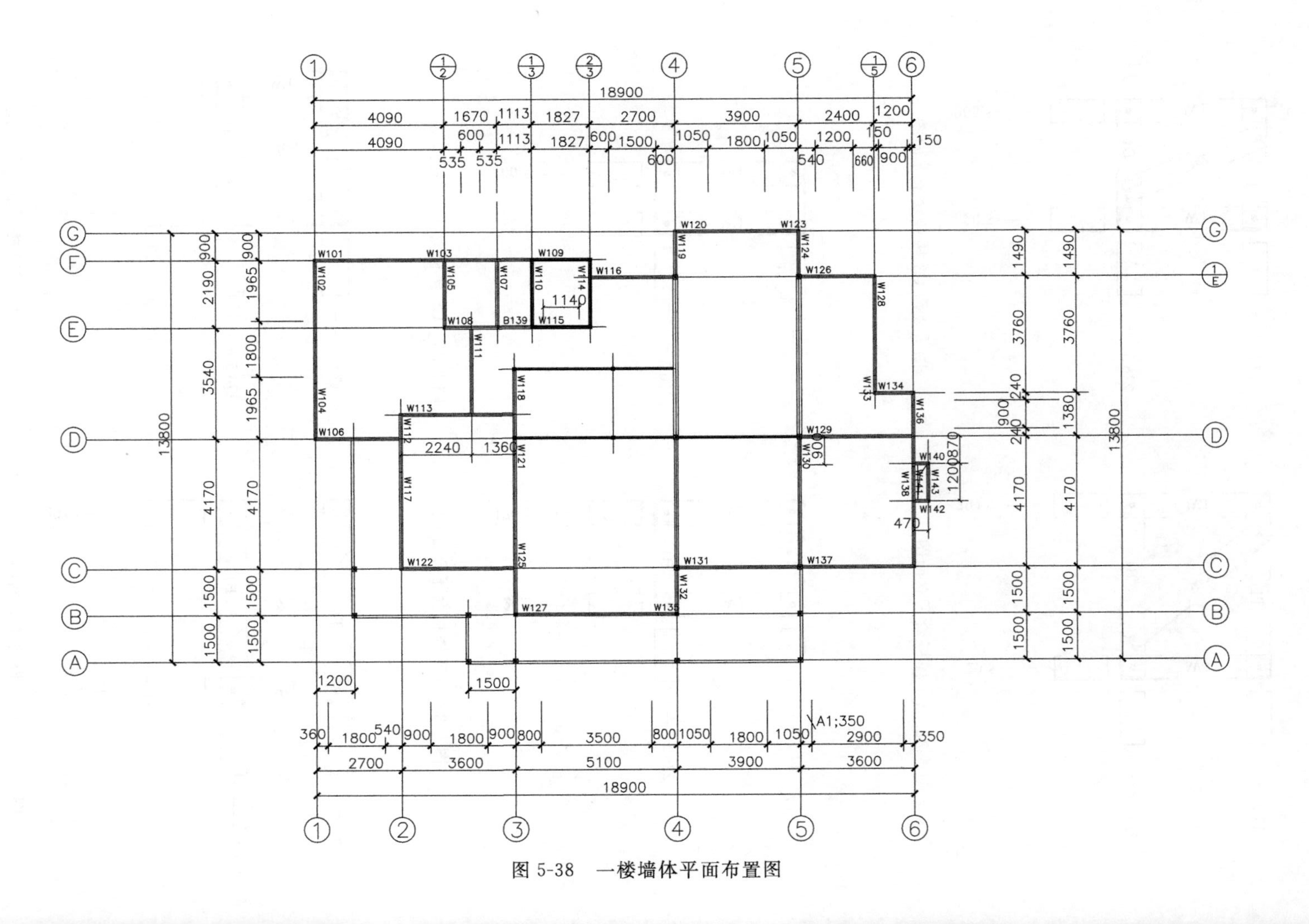


图 5-38 一楼墙体平面布置图

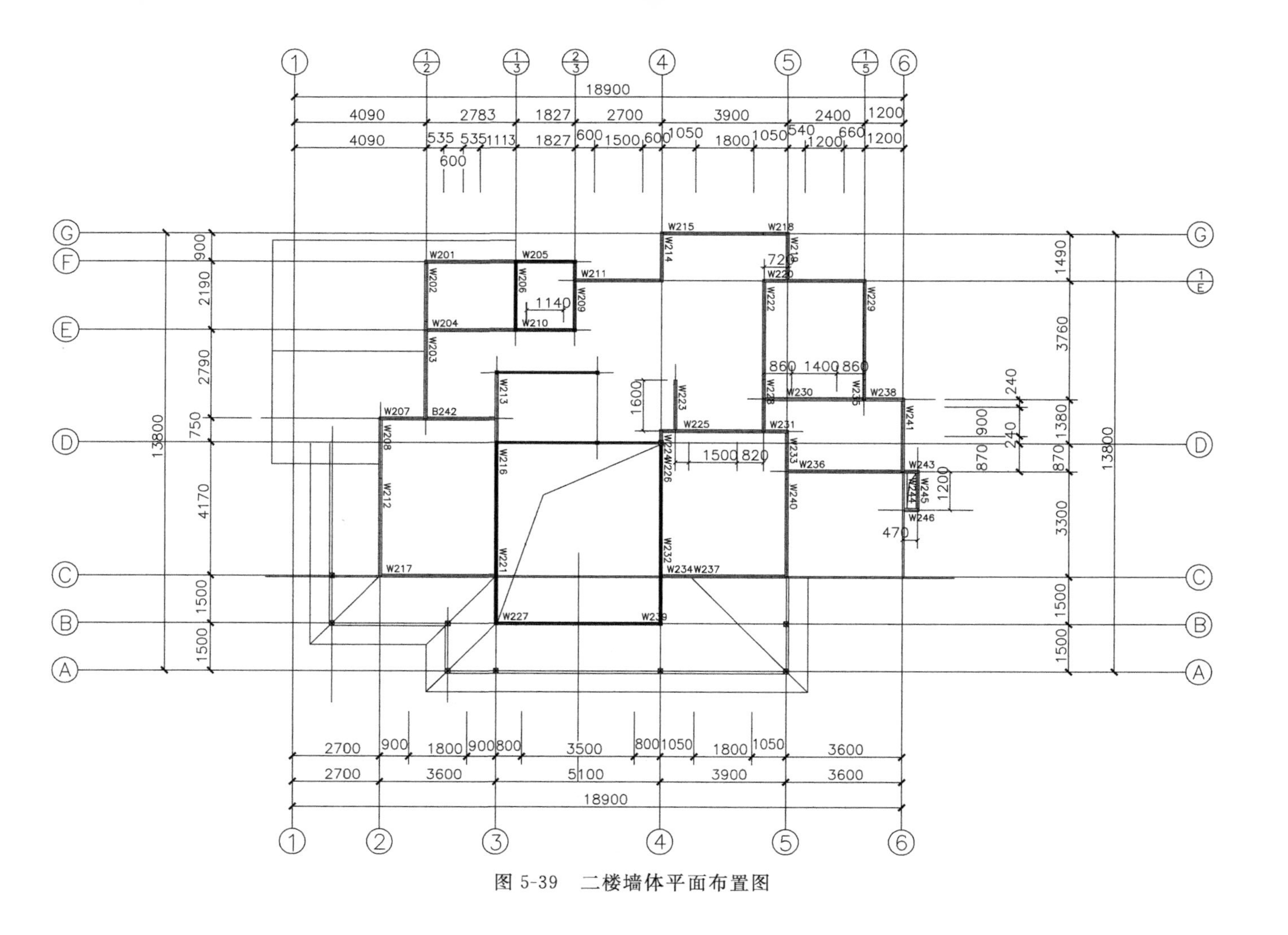


图 5-39　二楼墙体平面布置图

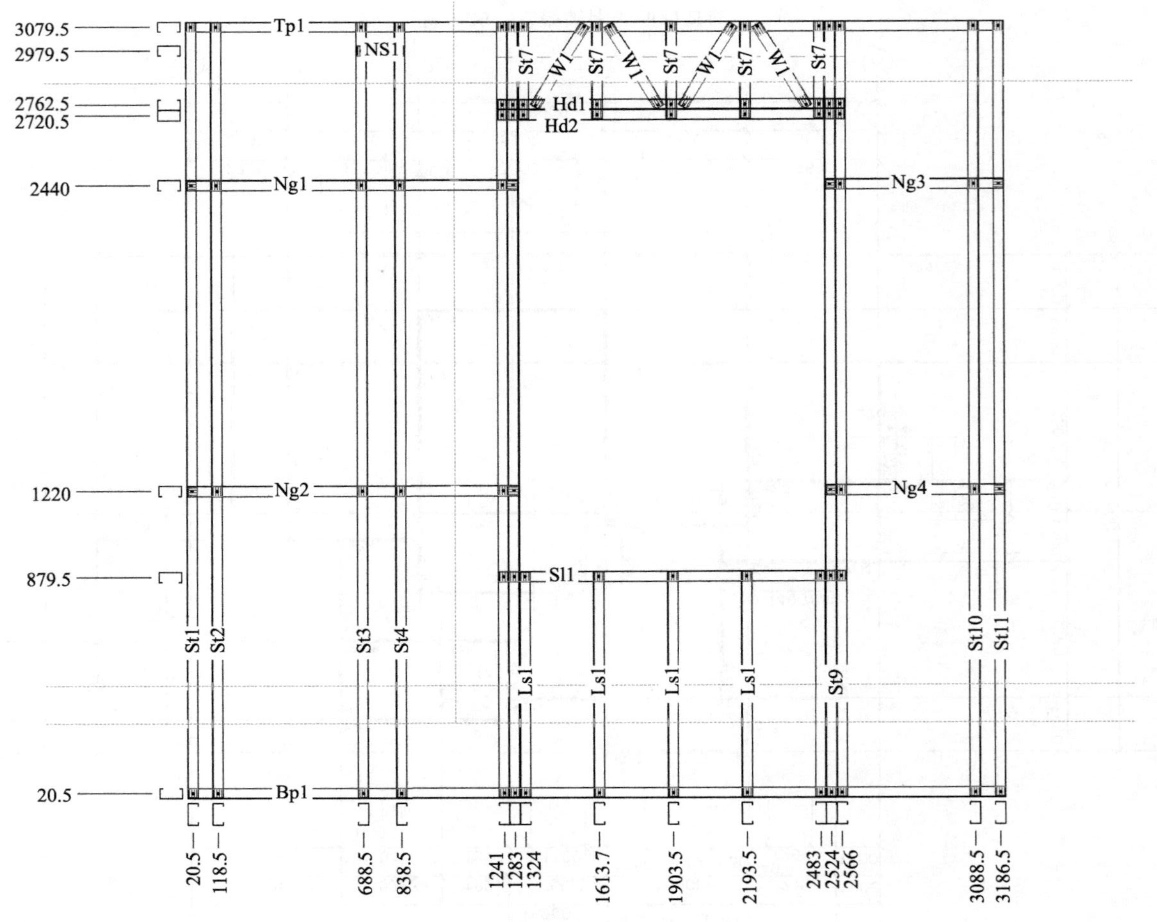


图 5-40 W220 轻钢墙体立面图

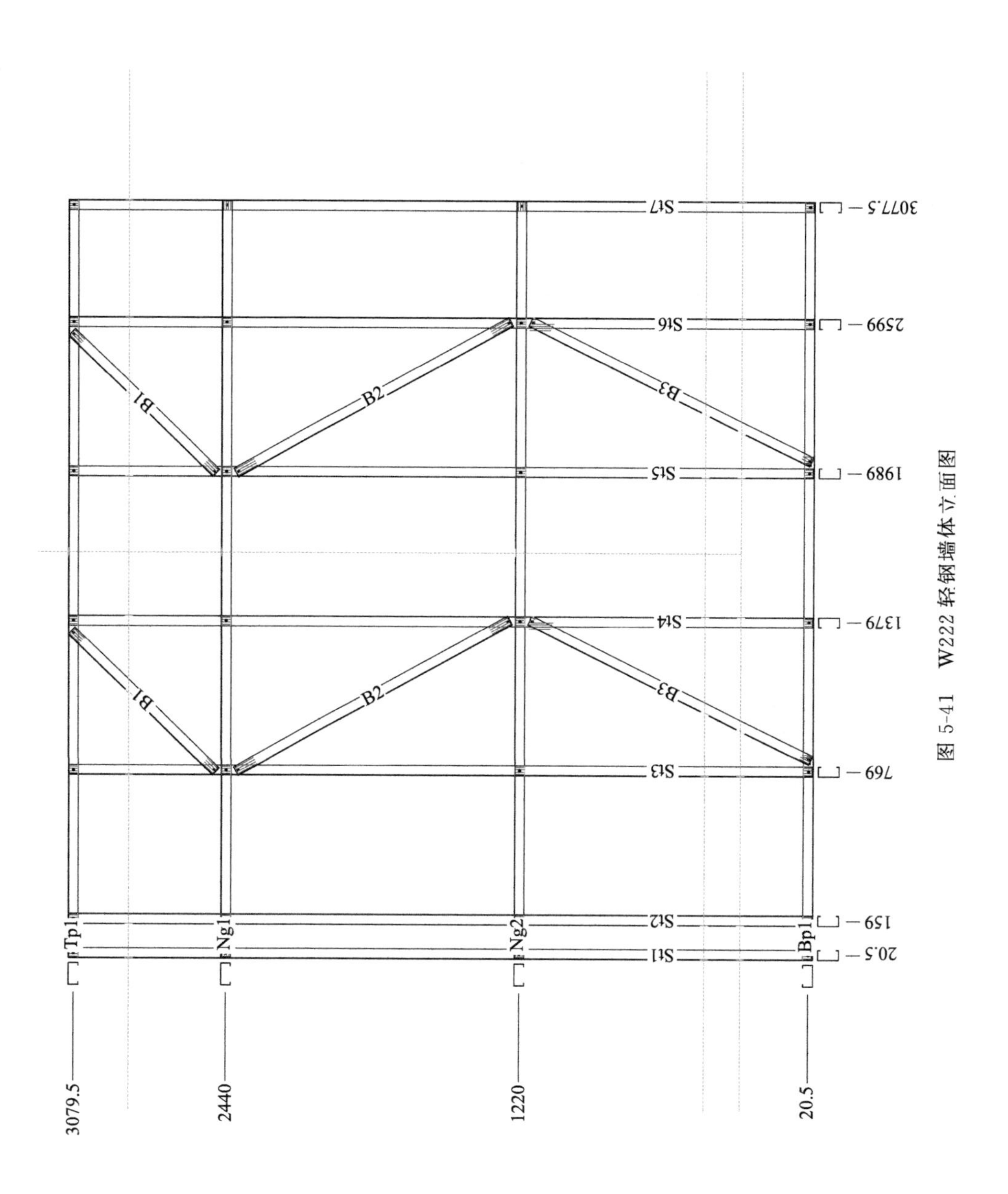


图 5-41 W222 轻钢墙体立面图

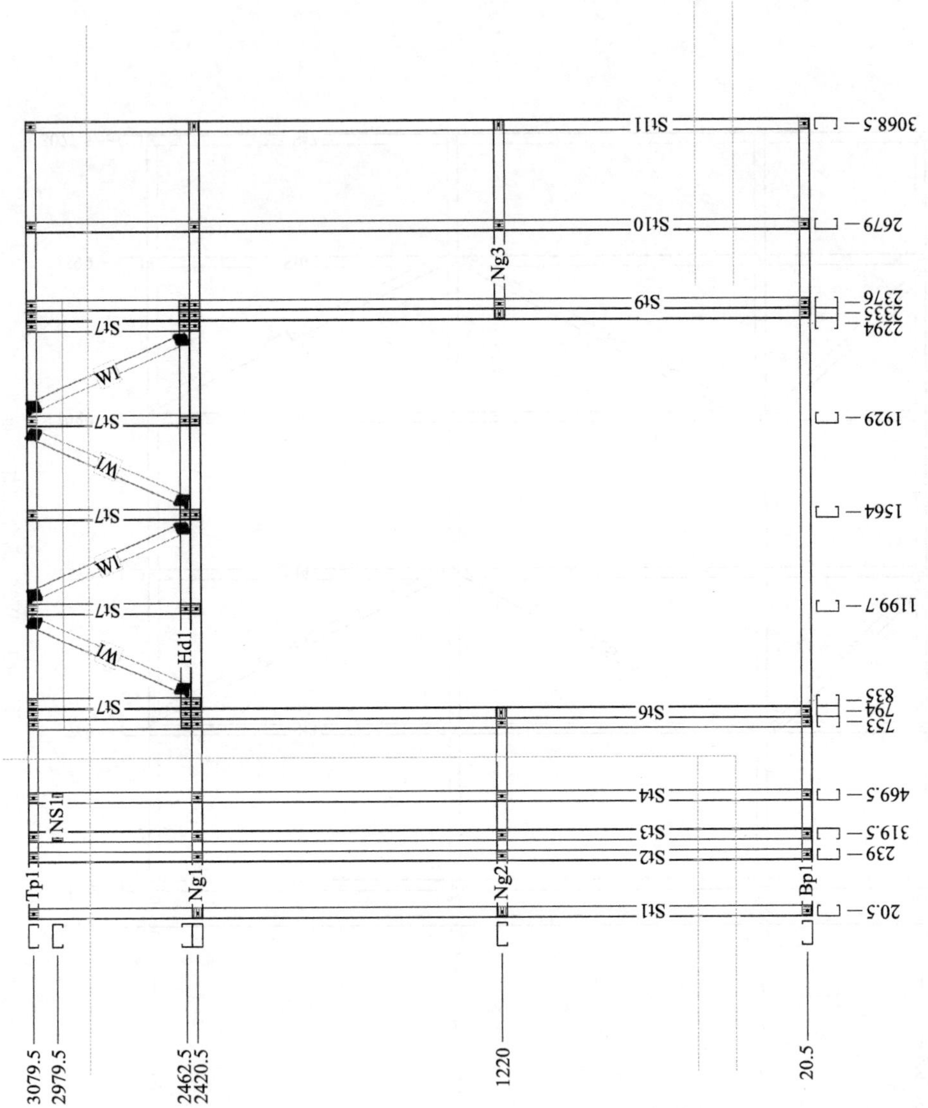

图 5-42 W225 轻钢墙体立面图

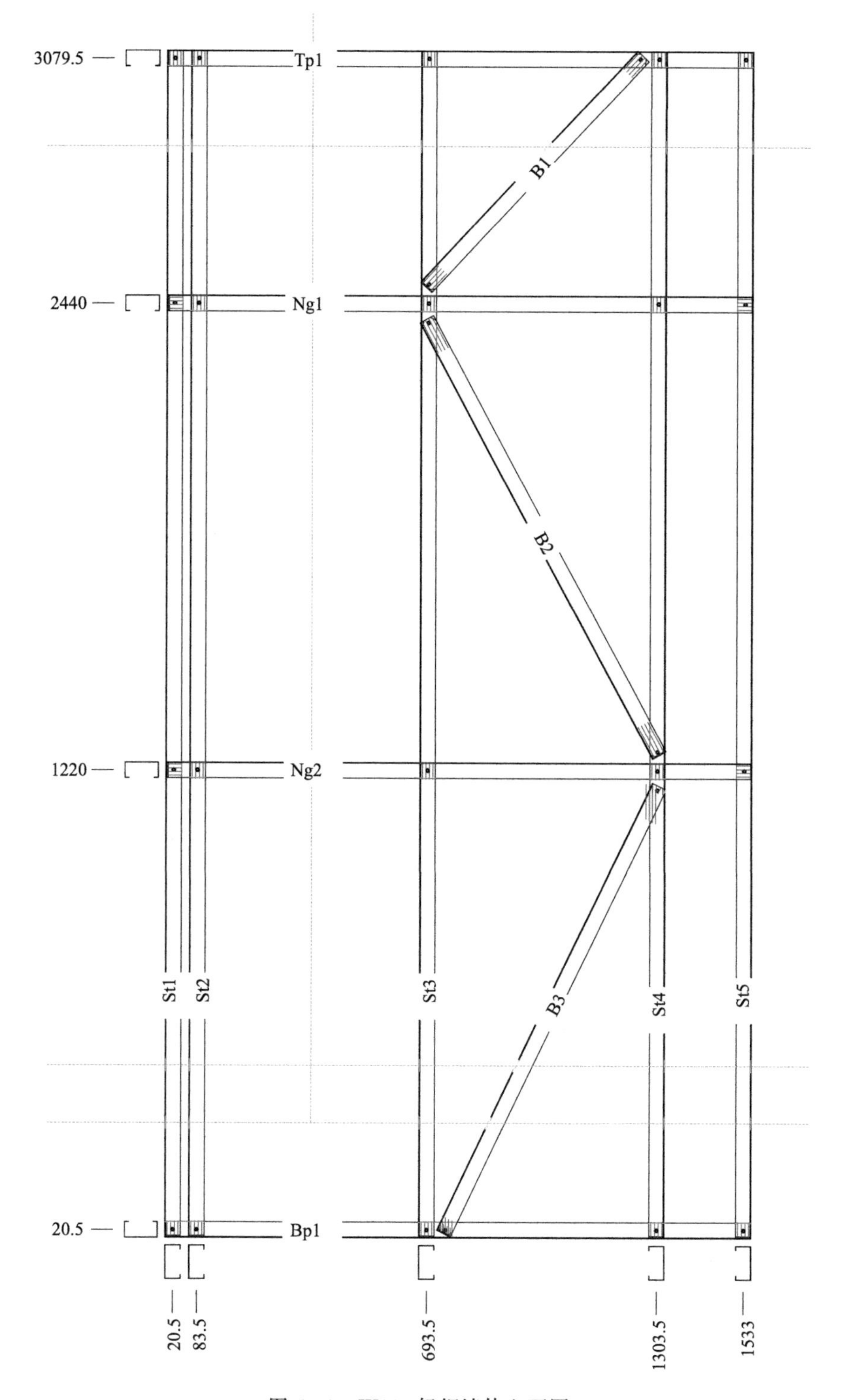


图 5-43　W223 轻钢墙体立面图

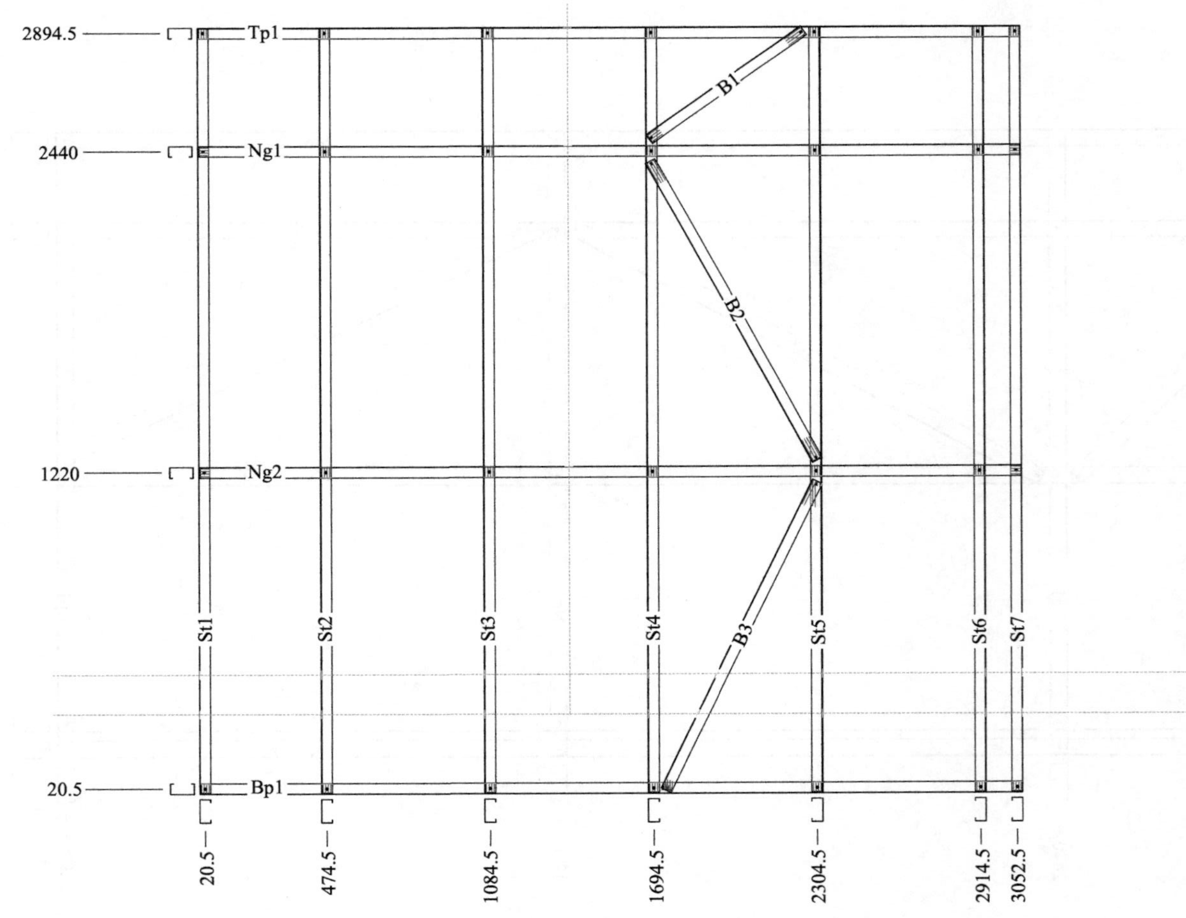


图 5-44 W226 轻钢墙体立面图

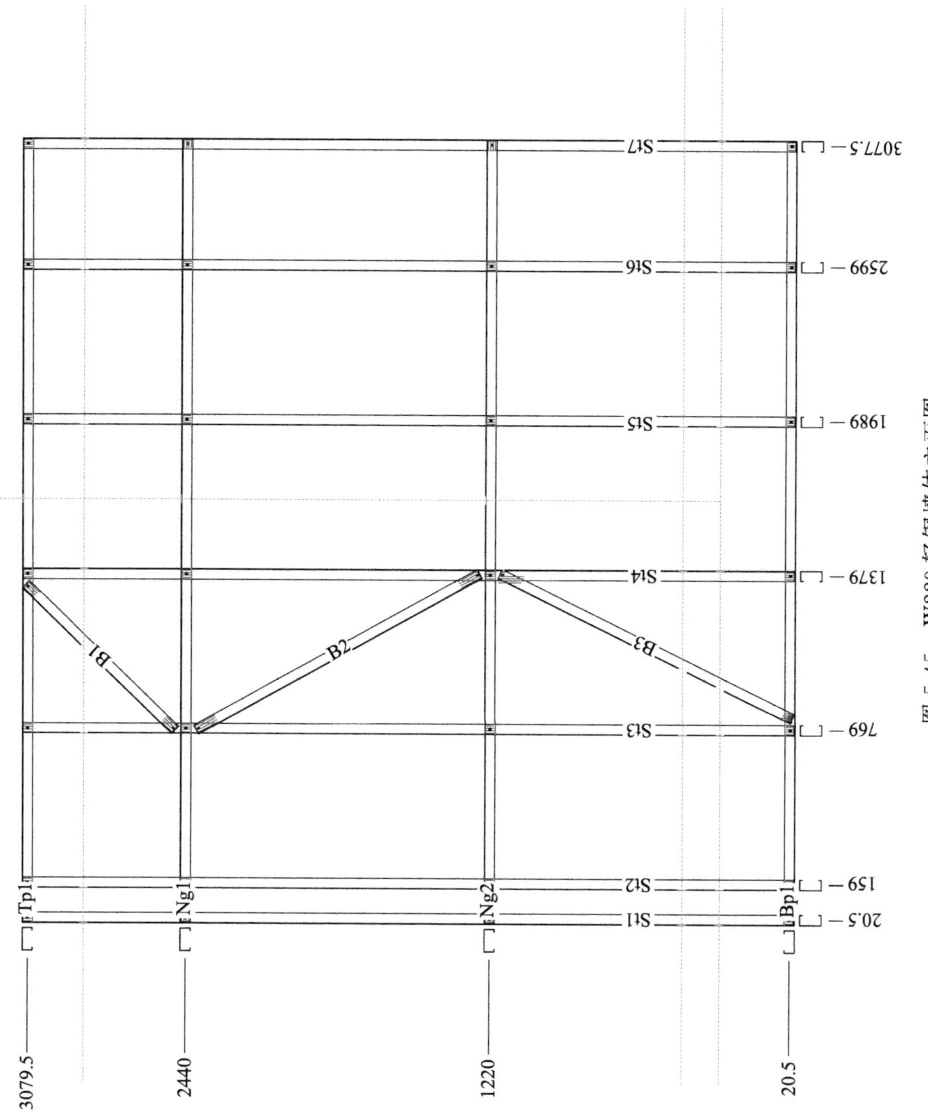


图 5-45 W229 轻钢墙体立面图

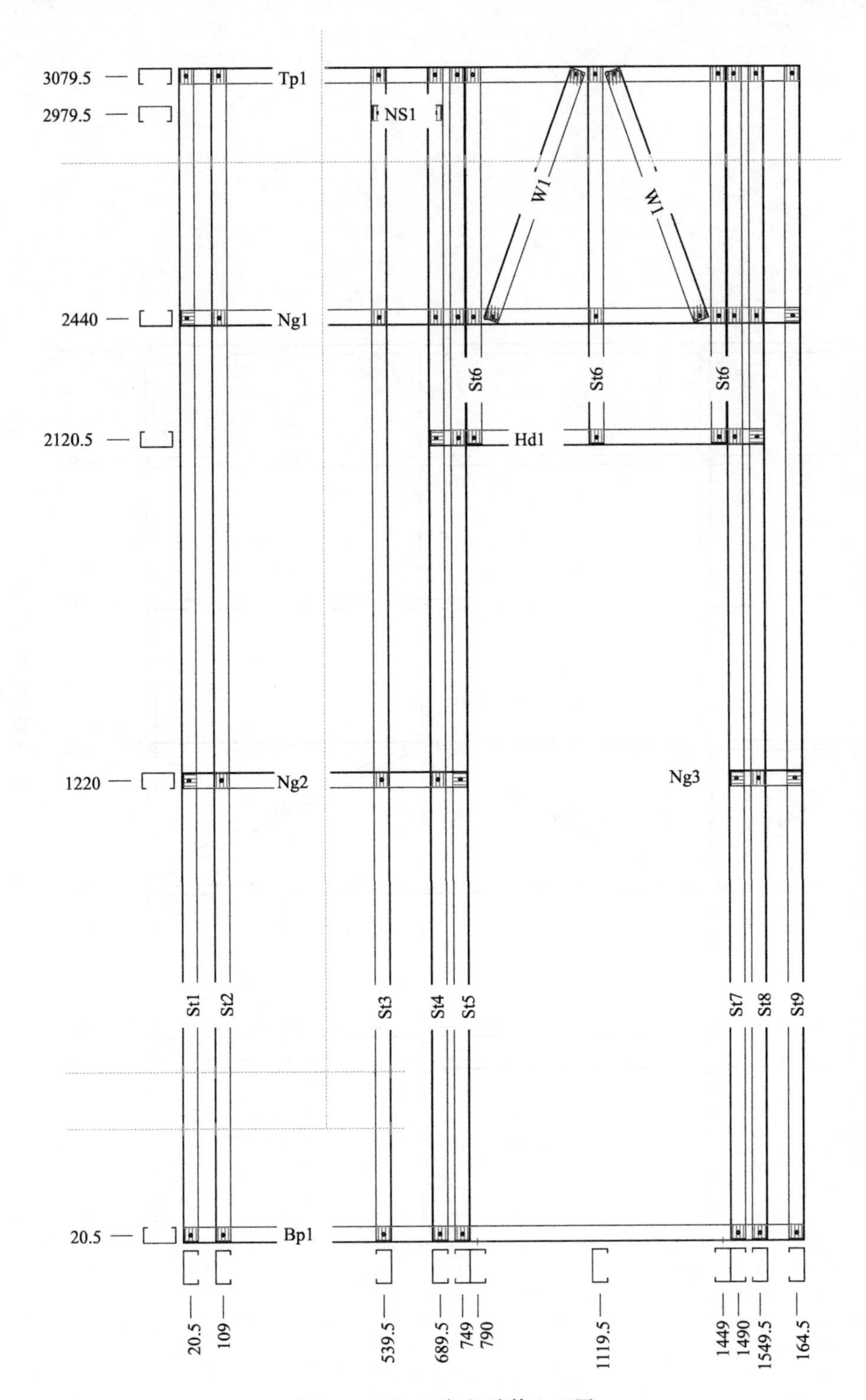


图 5-46　W228 轻钢墙体立面图

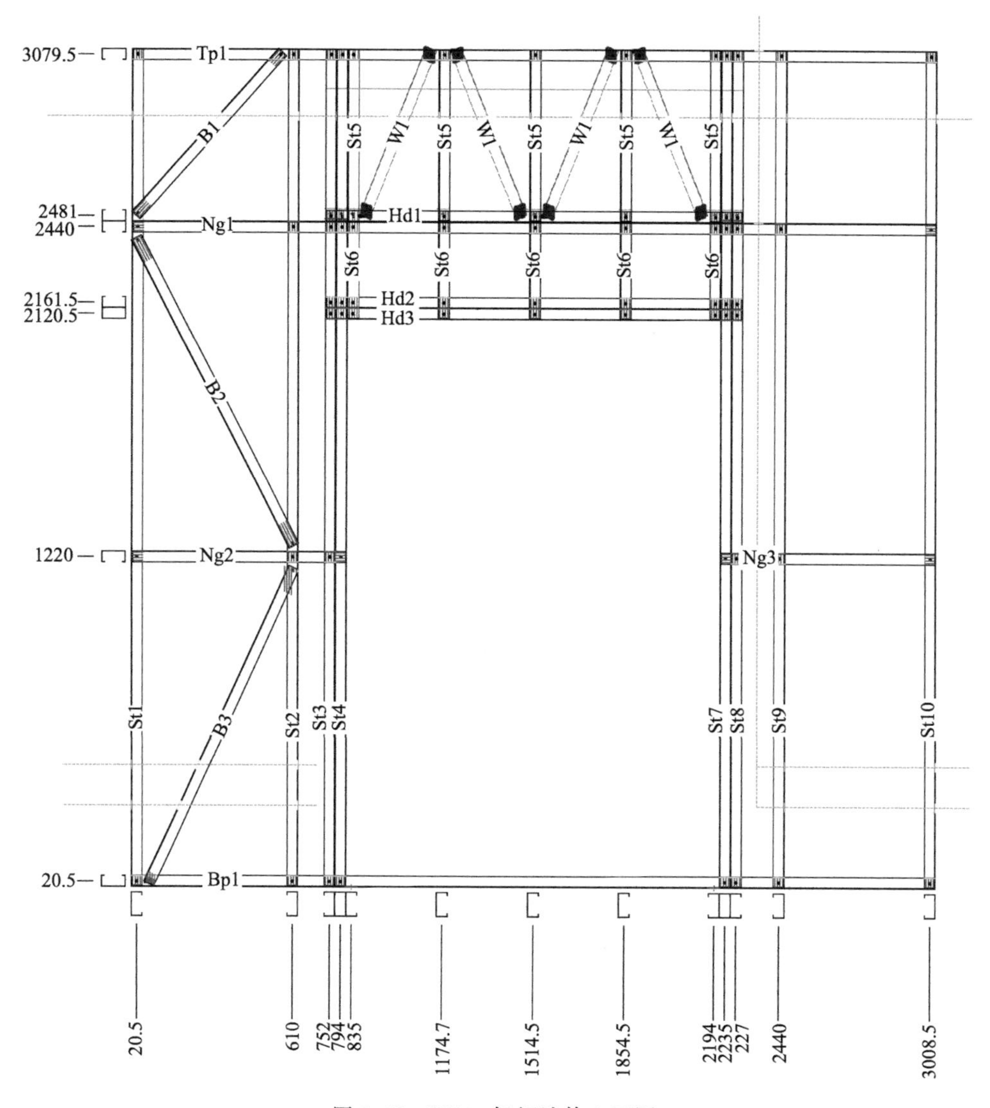


图 5-47　W230 轻钢墙体立面图

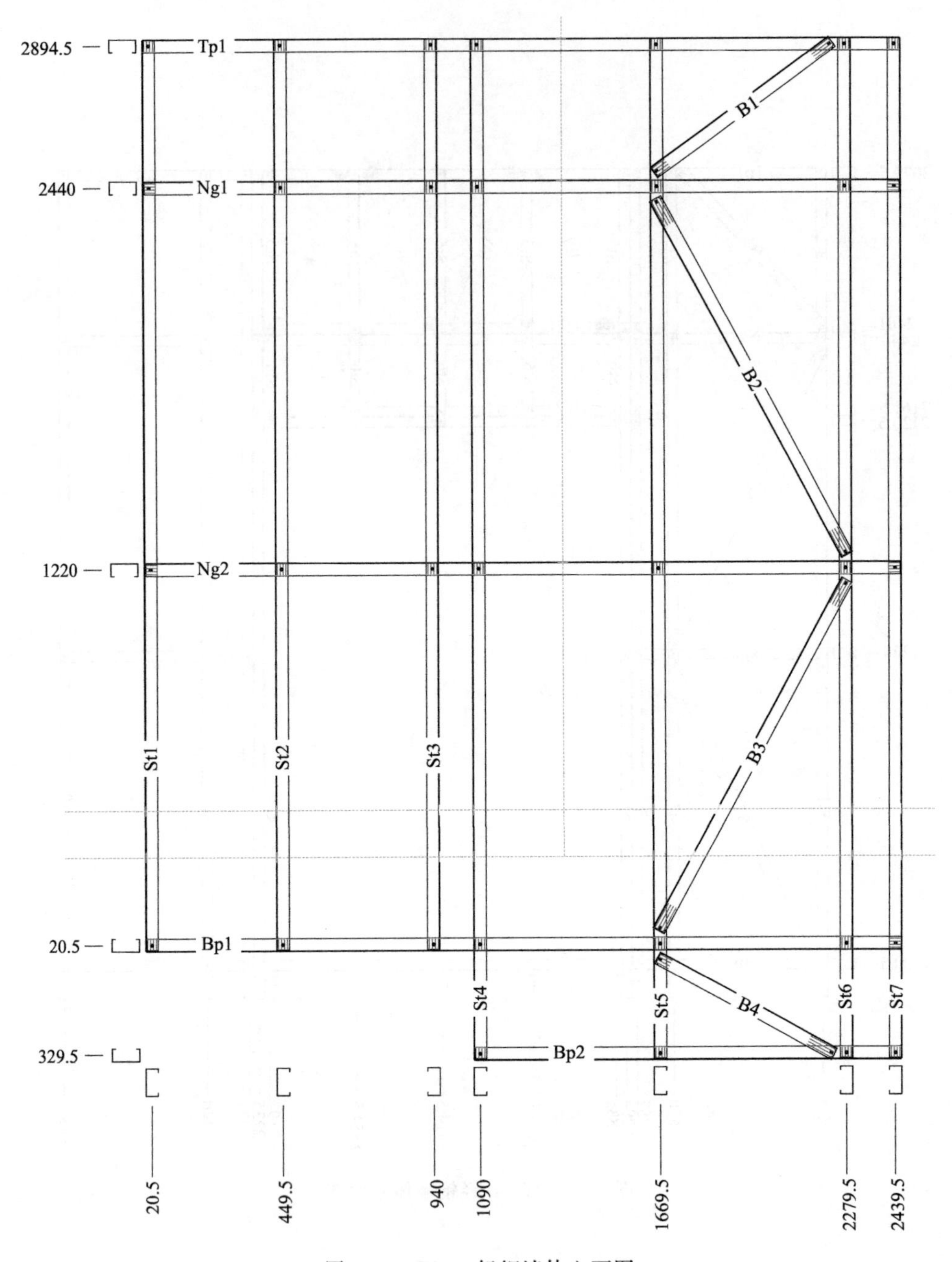


图 5-48 W232 轻钢墙体立面图

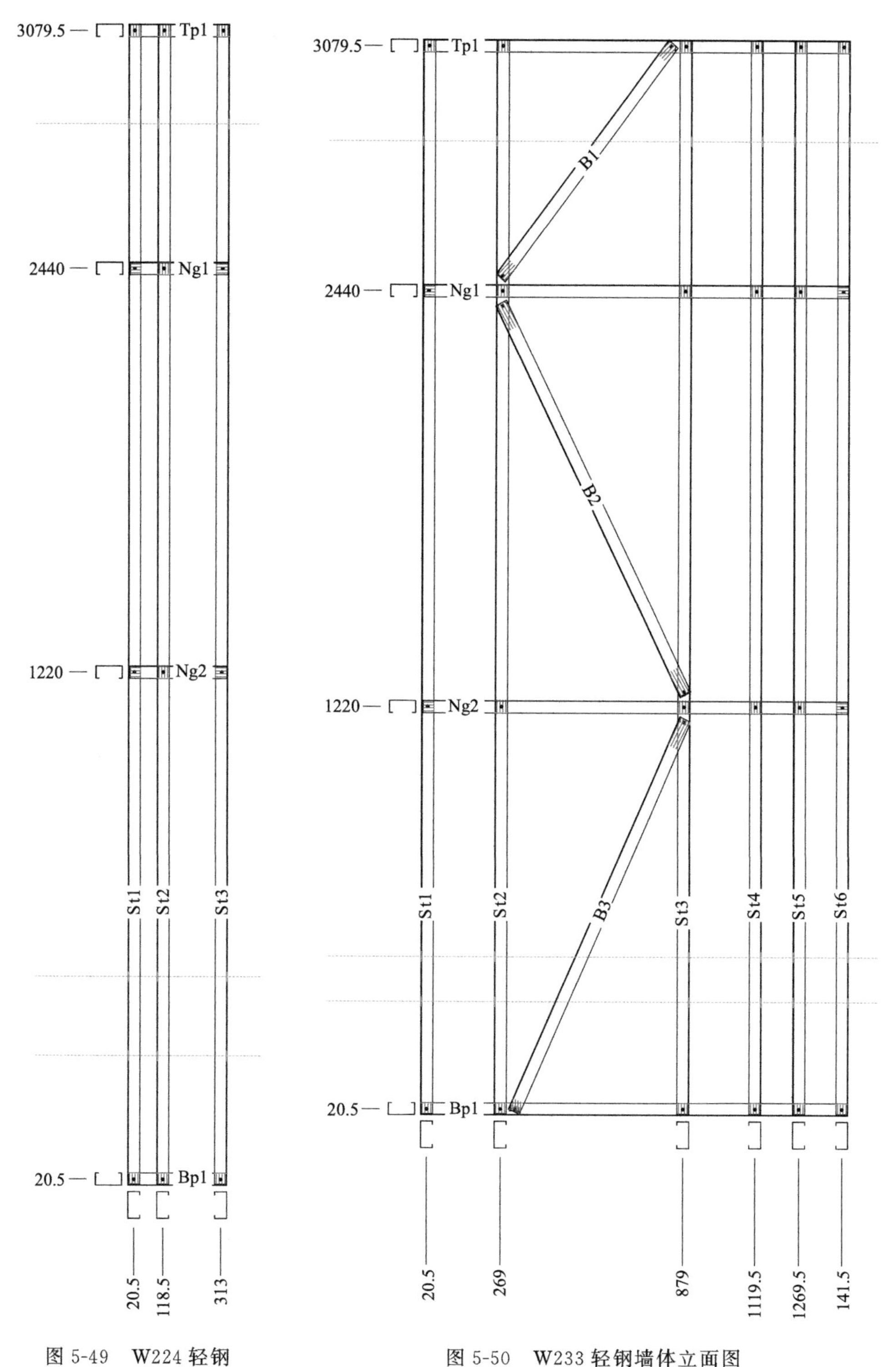


图 5-49 W224 轻钢墙体立面图

图 5-50 W233 轻钢墙体立面图

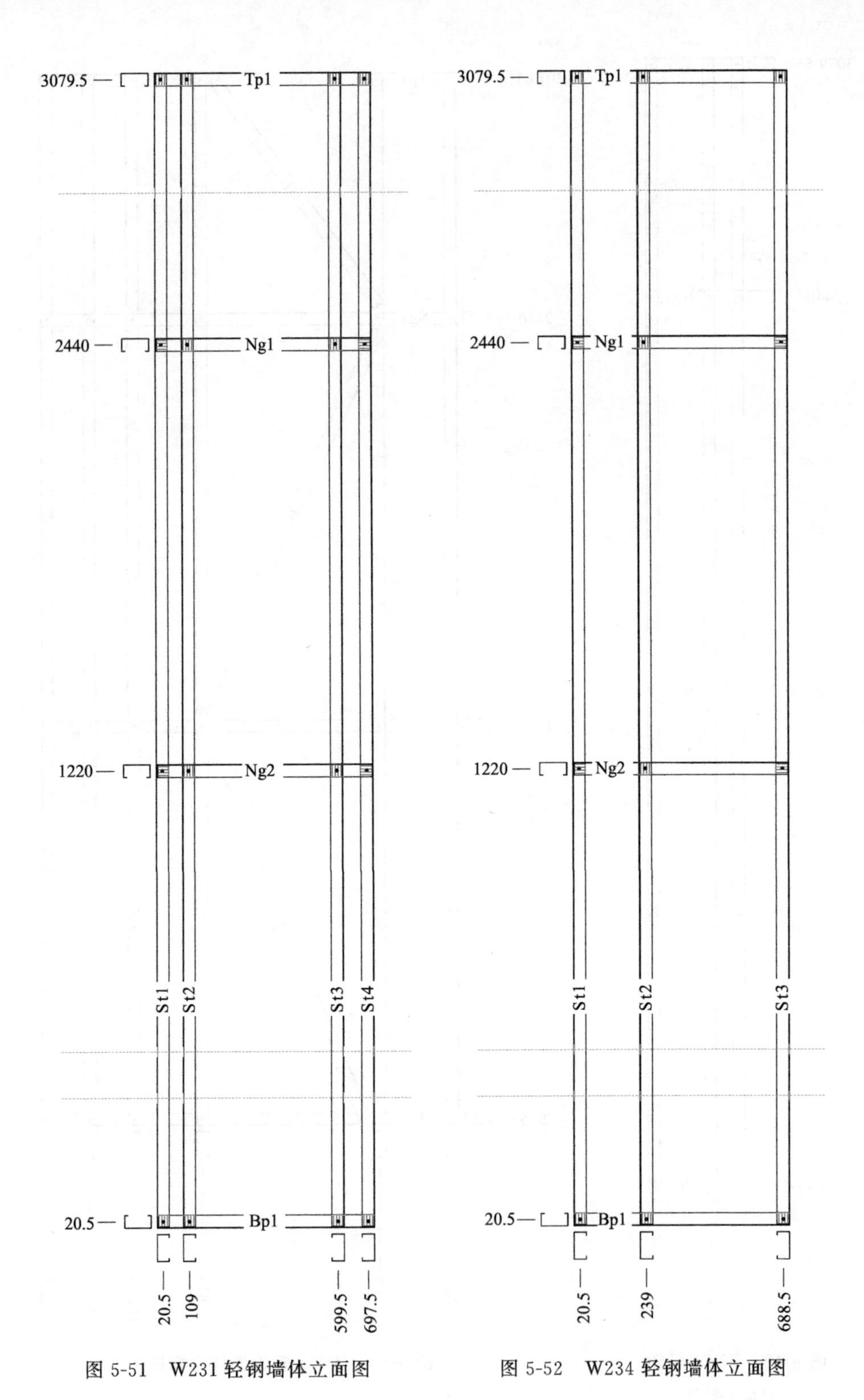


图 5-51　W231 轻钢墙体立面图

图 5-52　W234 轻钢墙体立面图

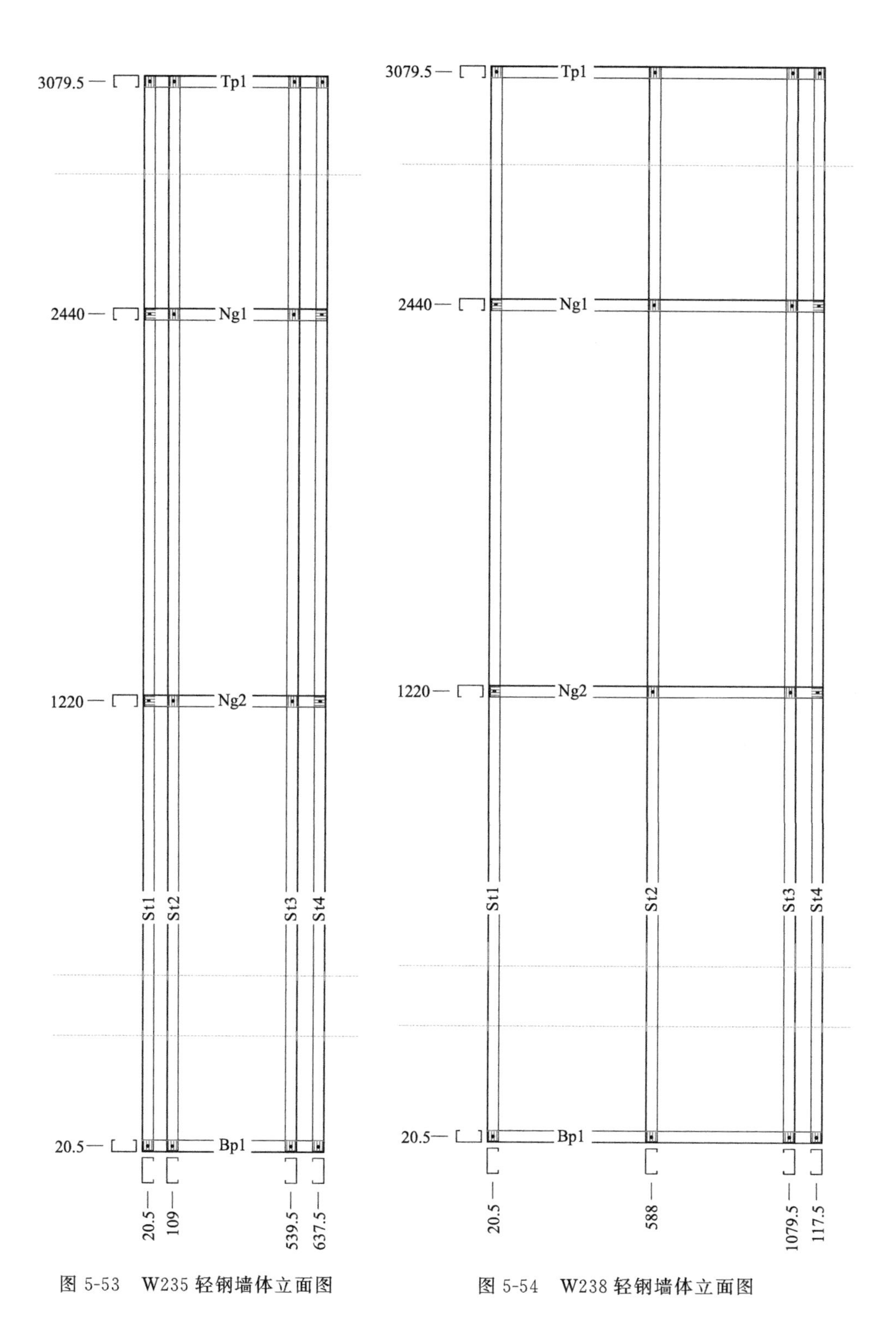


图 5-53　W235 轻钢墙体立面图

图 5-54　W238 轻钢墙体立面图

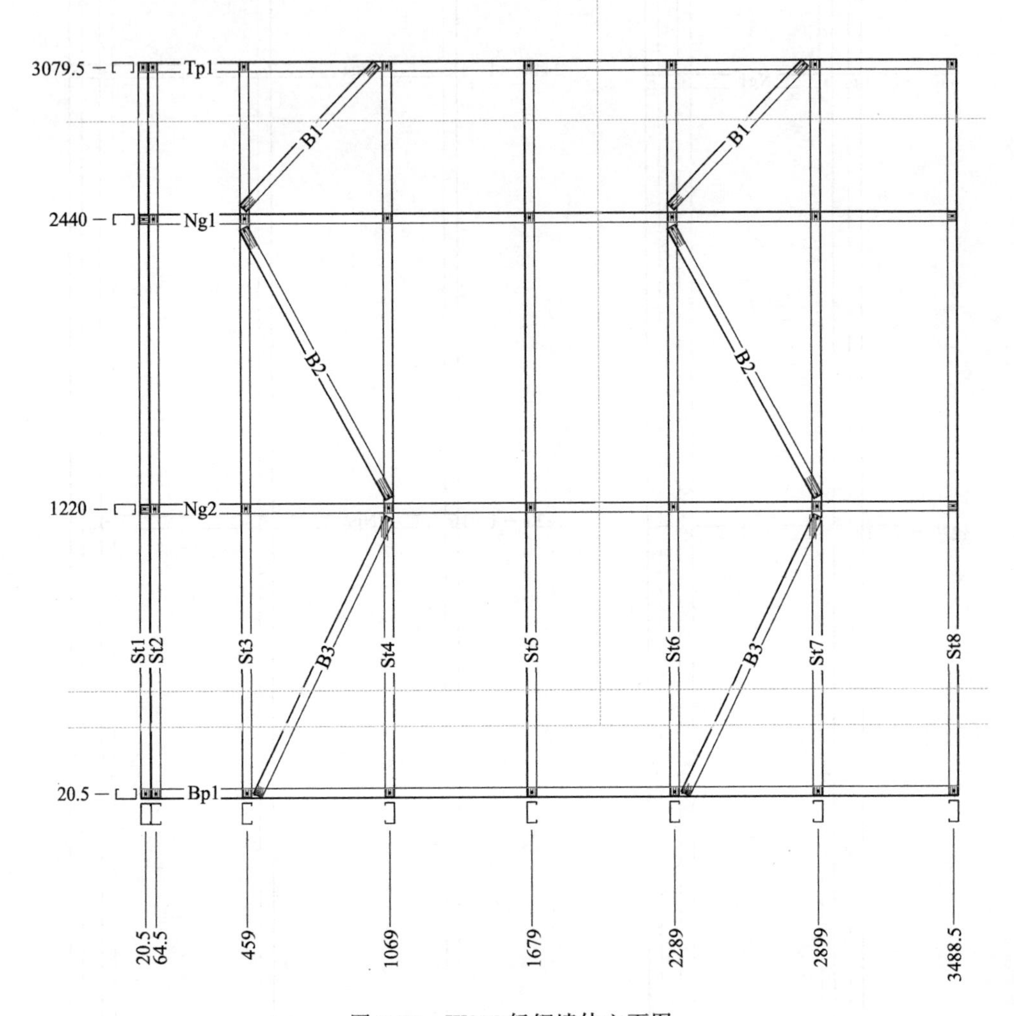


图 5-55　W236 轻钢墙体立面图

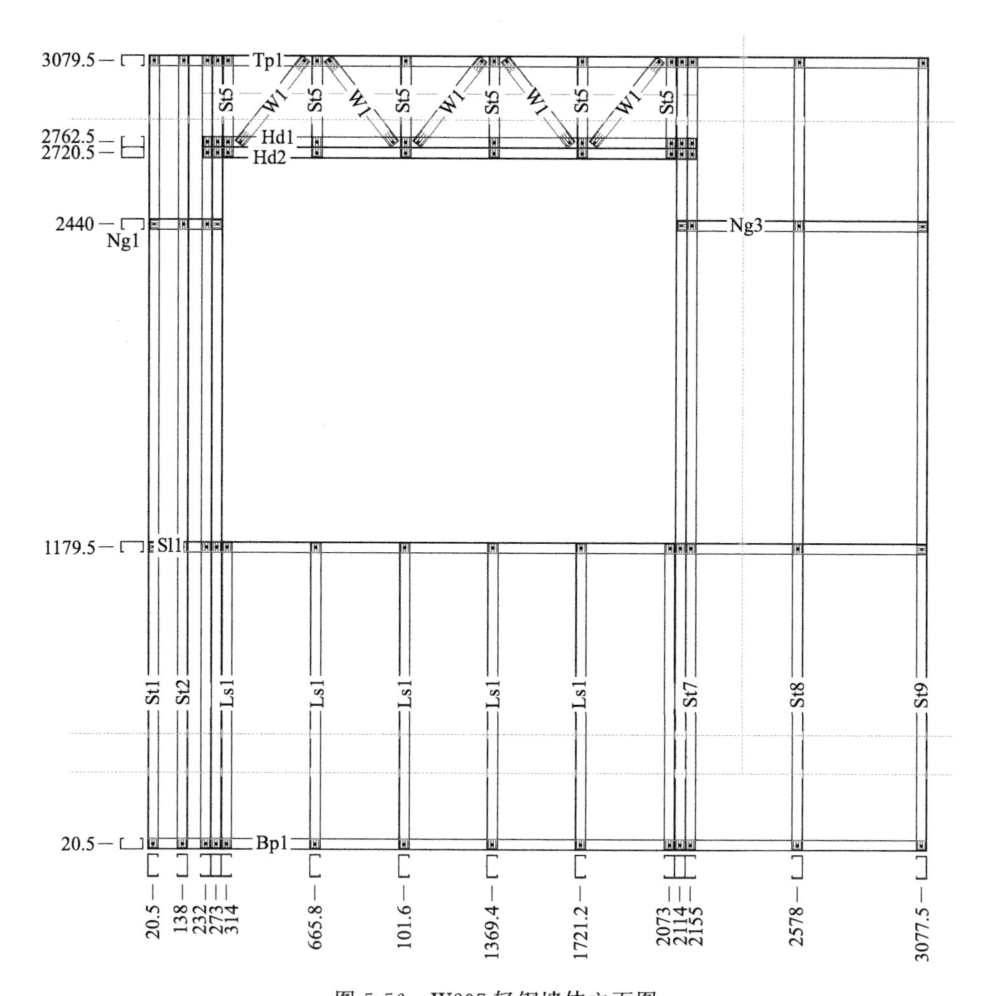


图 5-56 W237 轻钢墙体立面图

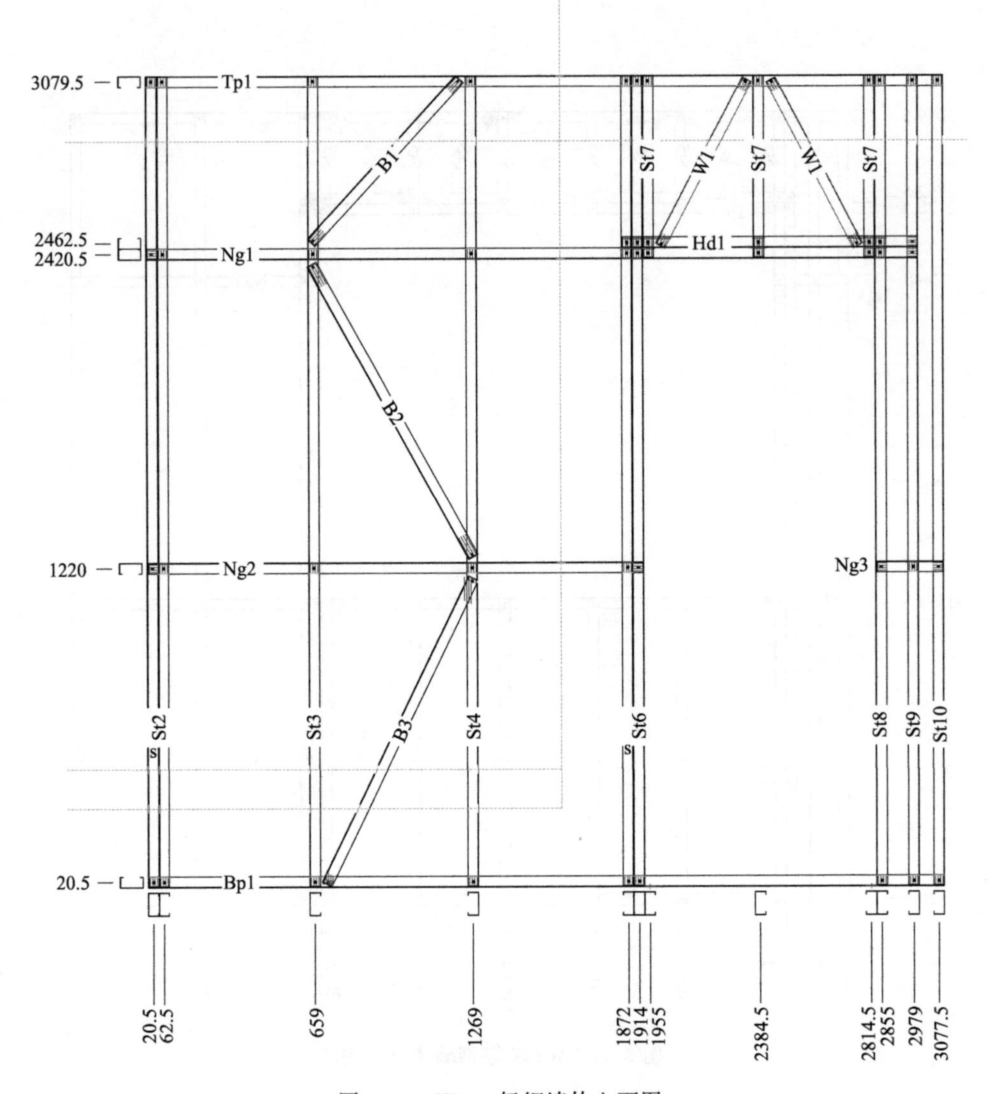


图 5-57 W240 轻钢墙体立面图

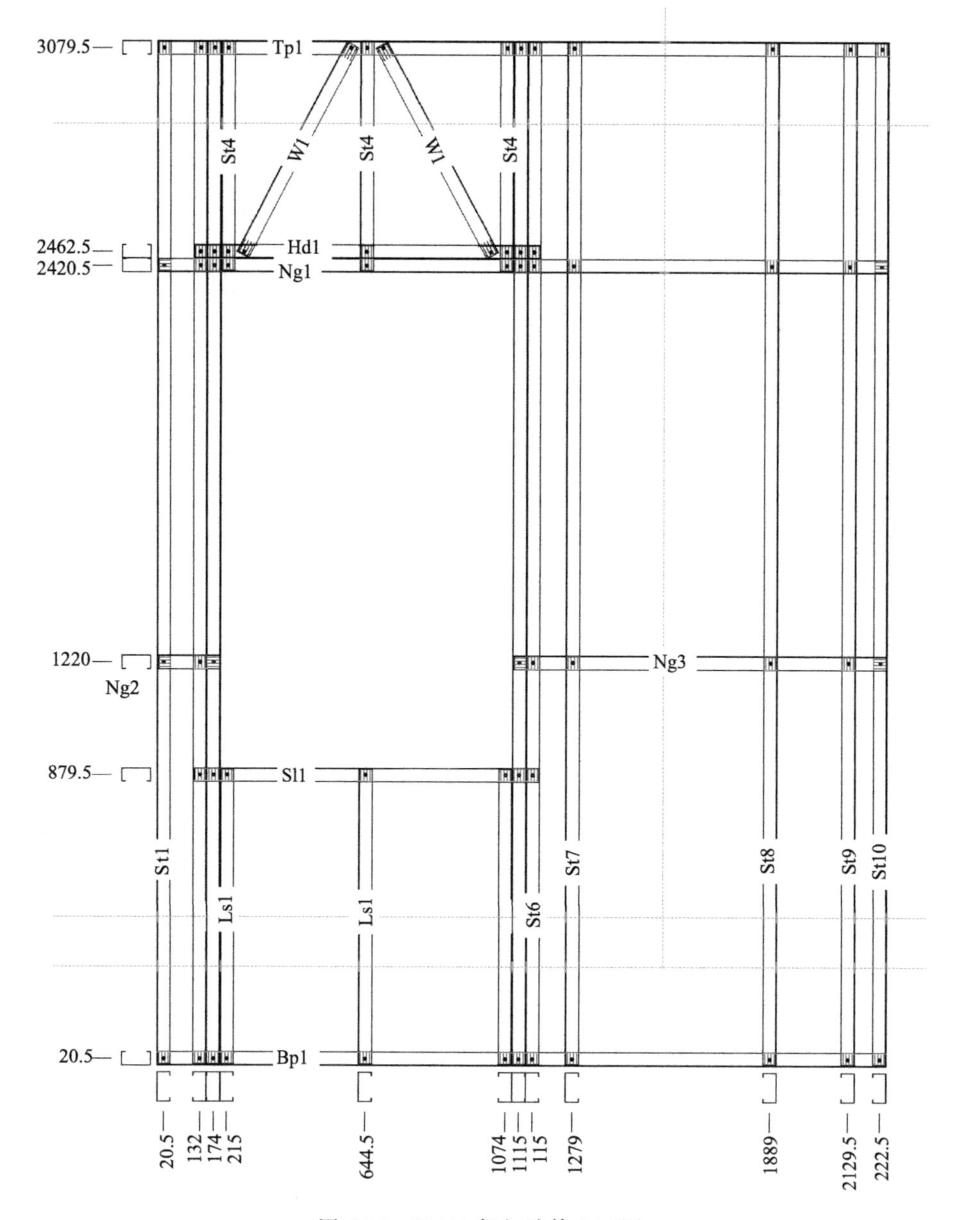


图 5-58　W241 轻钢墙体立面图

（4）屋面桁架

屋面桁架均采用 89mm×41mm×11mm×0.8mm 的 C 型冷弯薄壁型钢。二楼主卧共有 8 个屋面桁架，分别为 T1-15、T1-17、T1-19、T1-21、T1-35、T1-36、T1-37 和 T1-38。衣帽间的屋面桁架为 T1-23 和 T1-24。主卫的屋面桁架为 T1-22、T1-35 和 T1-39（图 5-59～图 5-70）。

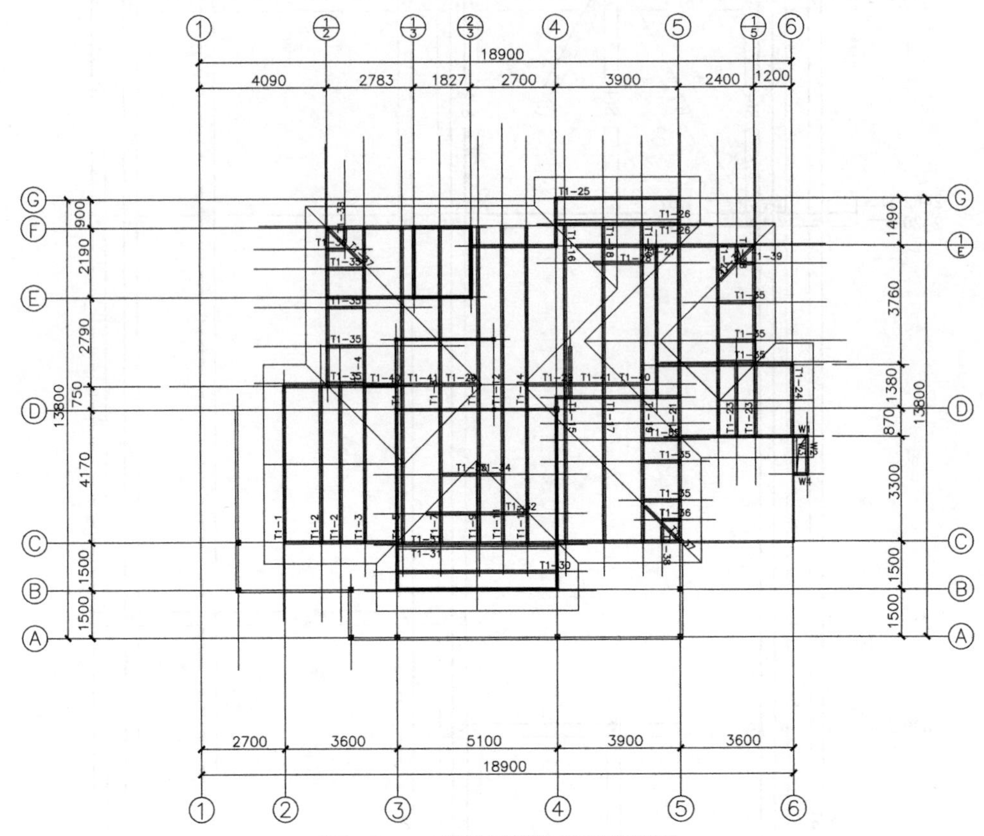


图 5-59　二楼屋面桁架平面布置图

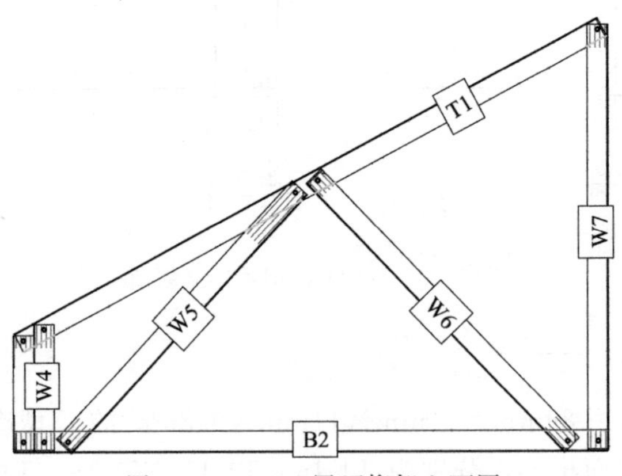


图 5-60　T1-35 屋面桁架立面图

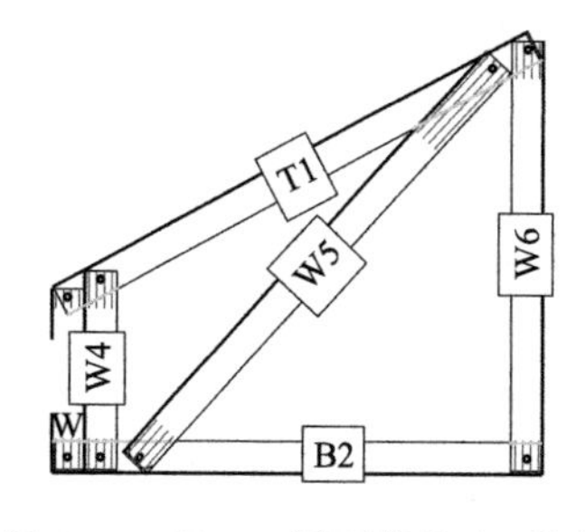


图 5-61　T1-36 屋面桁架立面图

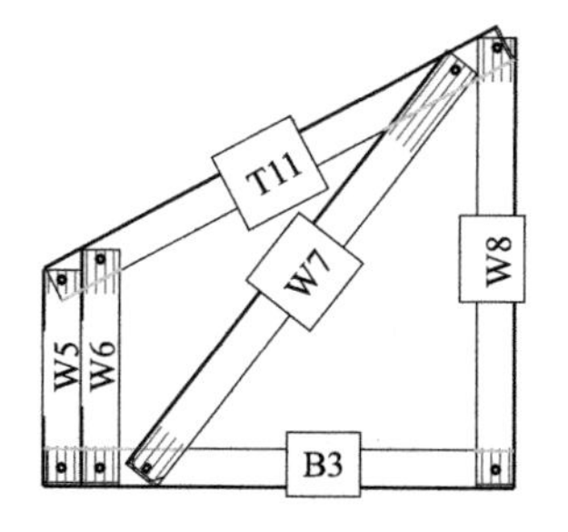


图 5-62　T1-38 屋面桁架立面图

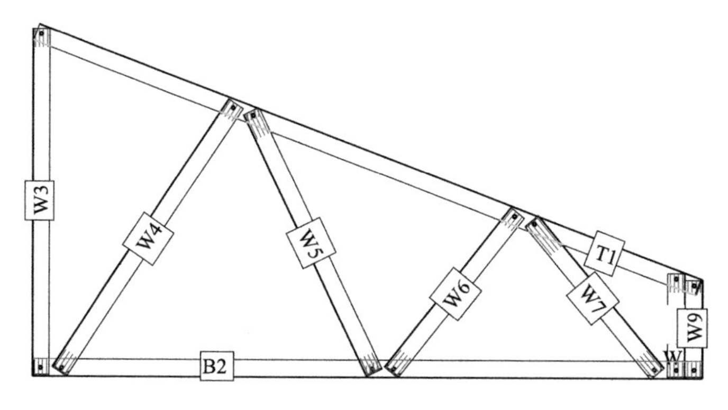


图 5-63　T1-37 屋面桁架立面图

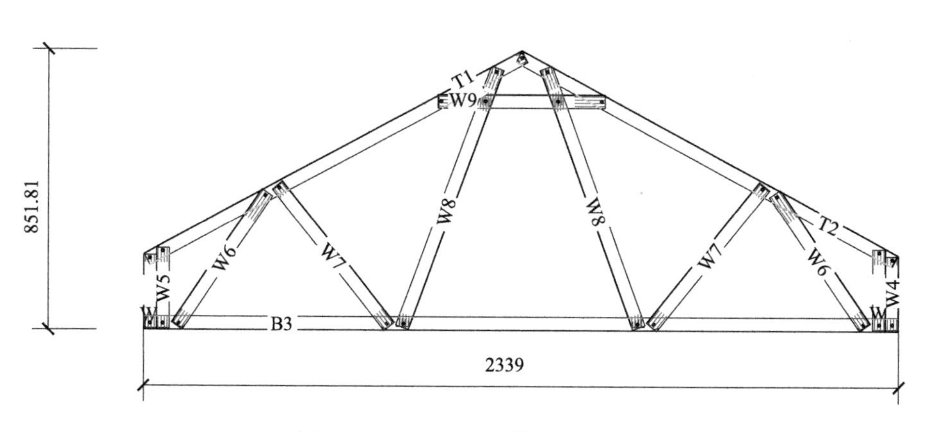


图 5-64　T1-23 屋面桁架立面图

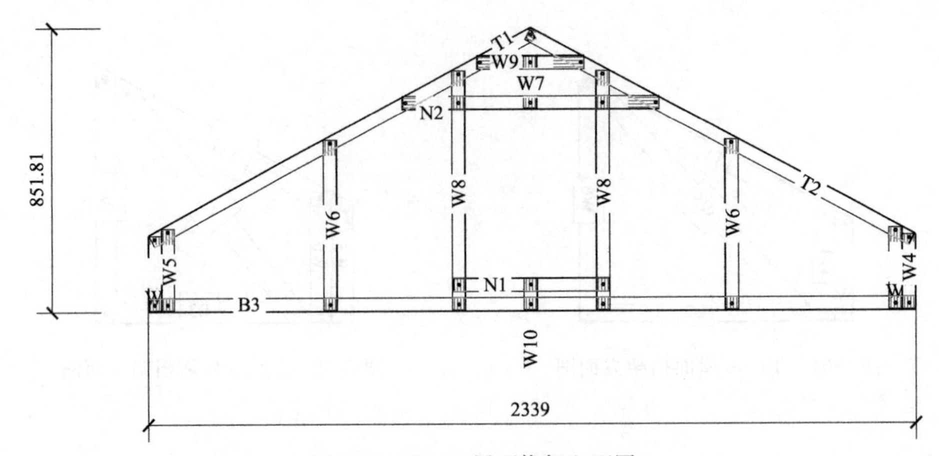


图 5-65　T1-24 屋面桁架立面图

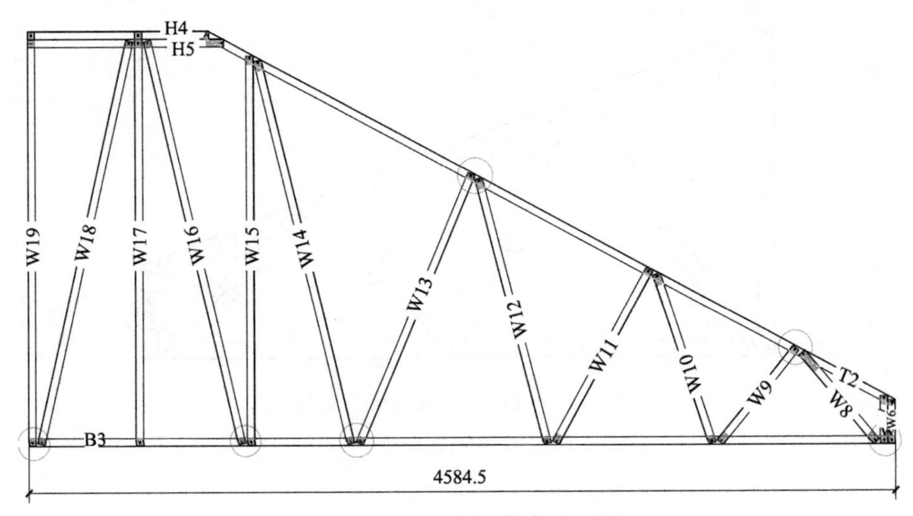


图 5-66　T1-15 屋面桁架立面图

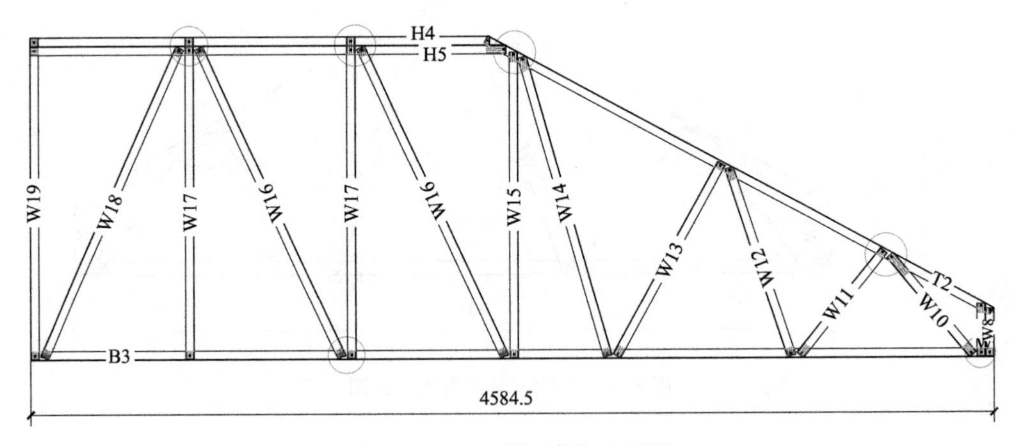


图 5-67　T1-17 屋面桁架立面图

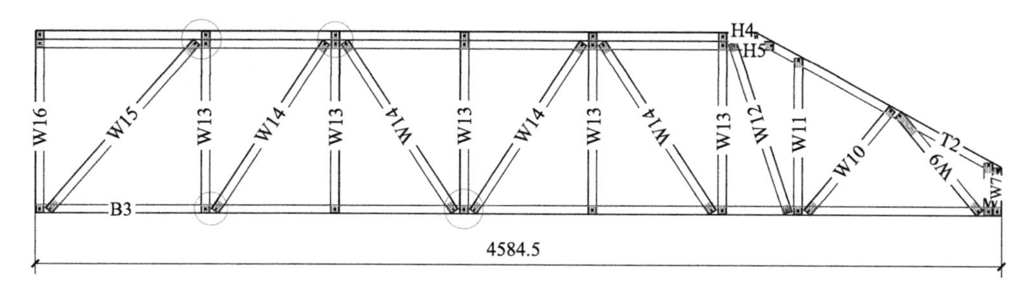


图 5-68　T1-19 屋面桁架立面图

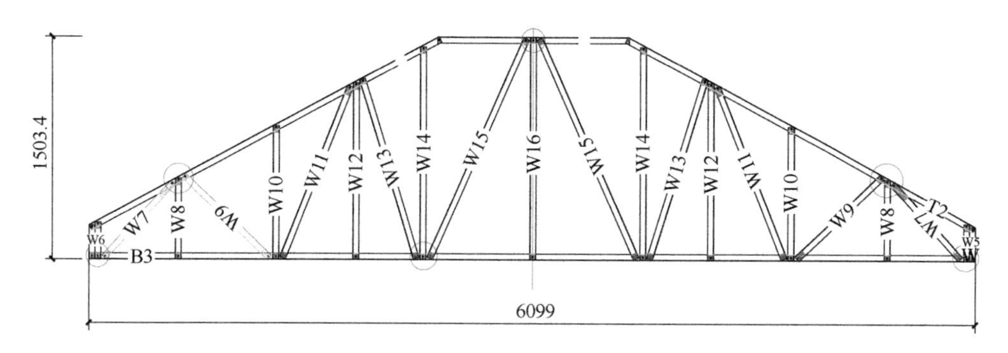


图 5-69　T1-21 屋面桁架立面图

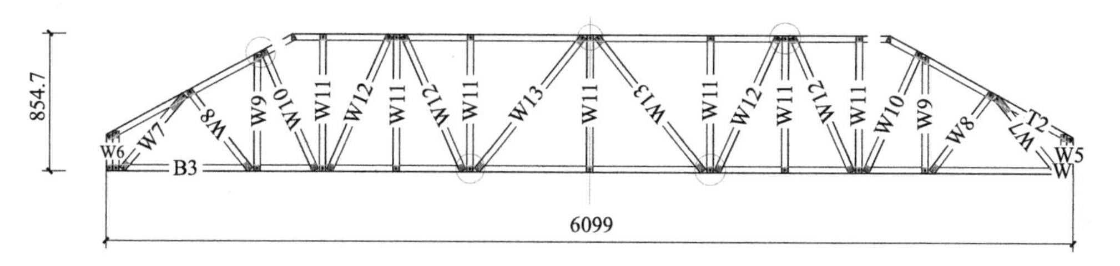


图 5-70　T1-22 屋面桁架立面图

T1-35、T1-36、T1-37、T1-38 的屋面桁架在上弦杆和下弦杆最短连接处采用两根轻钢龙骨并排连接，从而起到桁架加强作用。

在屋面桁架上圈出的位置，每个螺钉孔边再加强一颗螺钉。T1-15、T1-17 和 T1-39 的长度均为 4854.5mm，其两端刚好搭接在主卧轻钢墙体的顶导梁上。T1-21 屋面桁架长度为 6099mm，其大部分搭接在主卫墙体上，只有小部分搭接在主卧墙体上。

(5) 屋面结构图

屋面桁架上弦应铺设轻钢结构构件（屋顶网片）以传递平面内载荷和保持屋架的整体稳定性。二楼主人房屋顶共有八个网片分别和屋面桁架相连：R13、R14、R15、R16、R18、R19、R20 和 R21（图 5-71～图 5-79）。

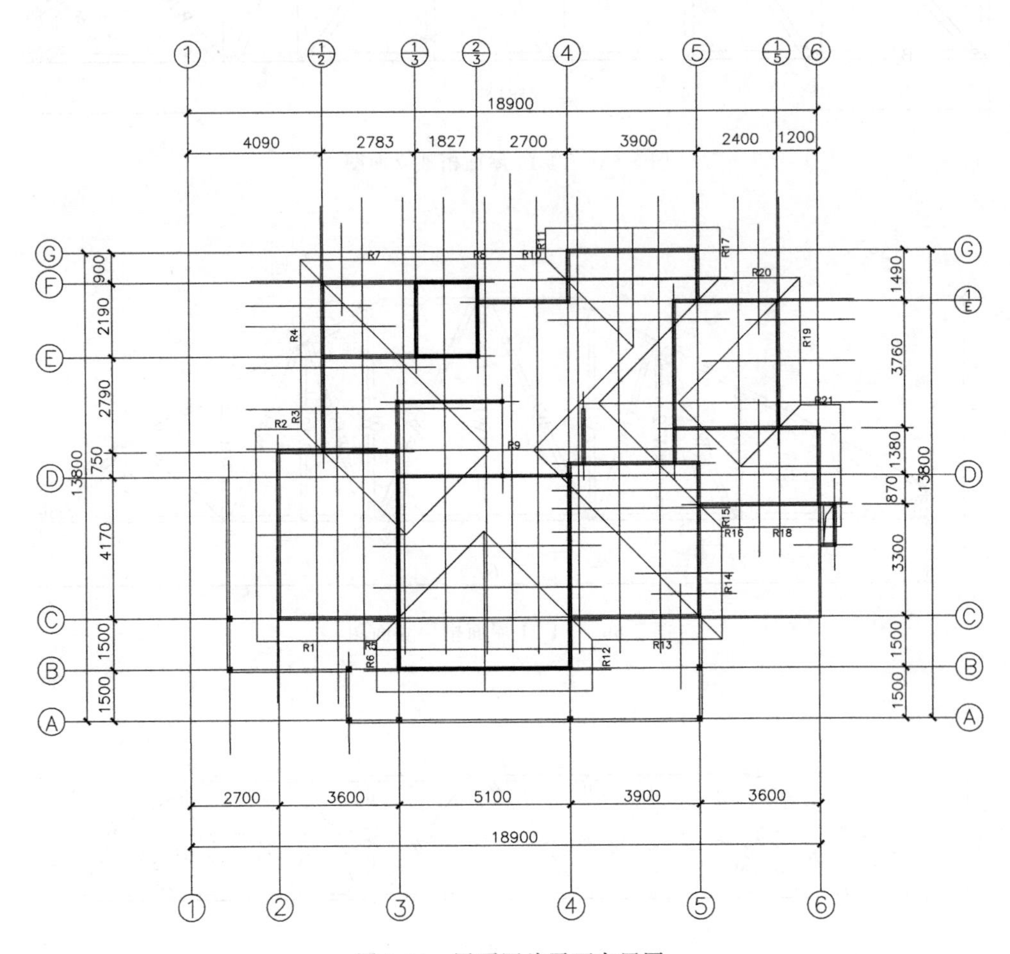


图 5-71 屋顶网片平面布置图

(6) 重钢结构图

对于开间尺寸大的客厅、厨房、步梯等及需要承受很大负载的家用电梯均采用重钢结构（图 5-80～图 5-86）。根据力学计算，电梯井和步梯均采用 100mm×100mm×3mm 镀锌钢管柱，客厅、厨房等采用 150mm×150mm×3mm 和 100mm×100mm×3mm 镀锌钢管柱。采用的重钢梁也有四种规格：200mm×100mmH 型钢、300mm×150mm H 型钢、180mm×60mm 钢管梁、120mm×60mm 钢管梁。

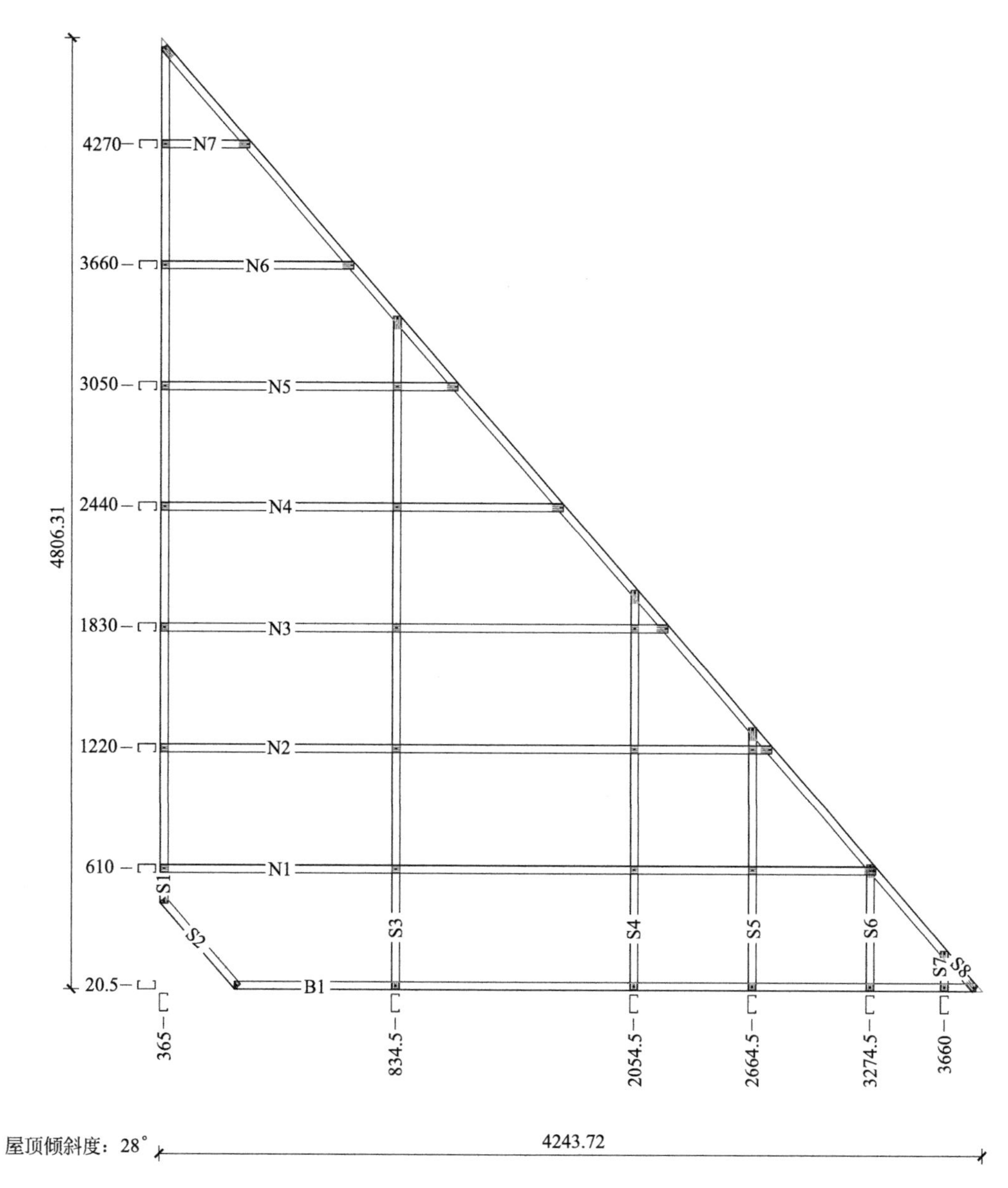


图 5-72　R13 屋顶网片轻钢结构图

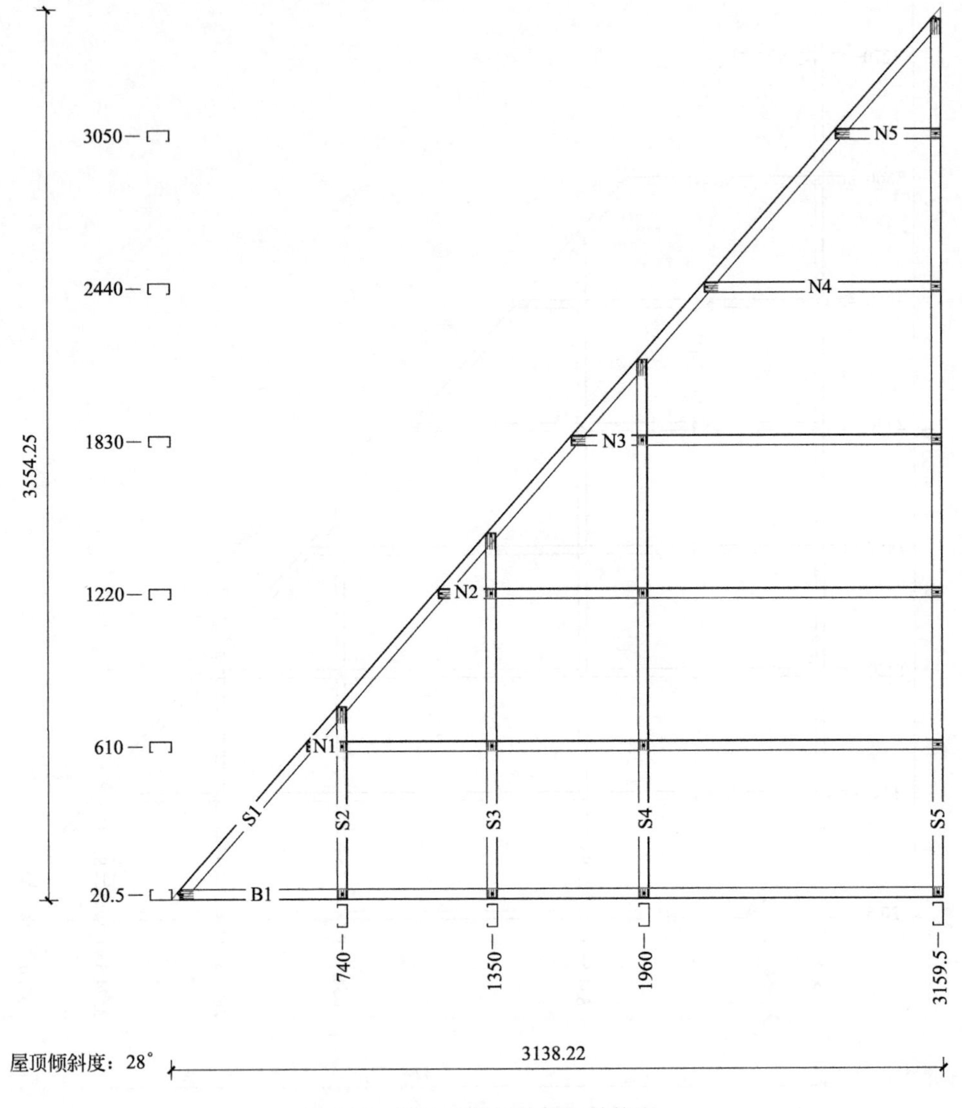


图 5-73　R14 屋顶网片轻钢结构图

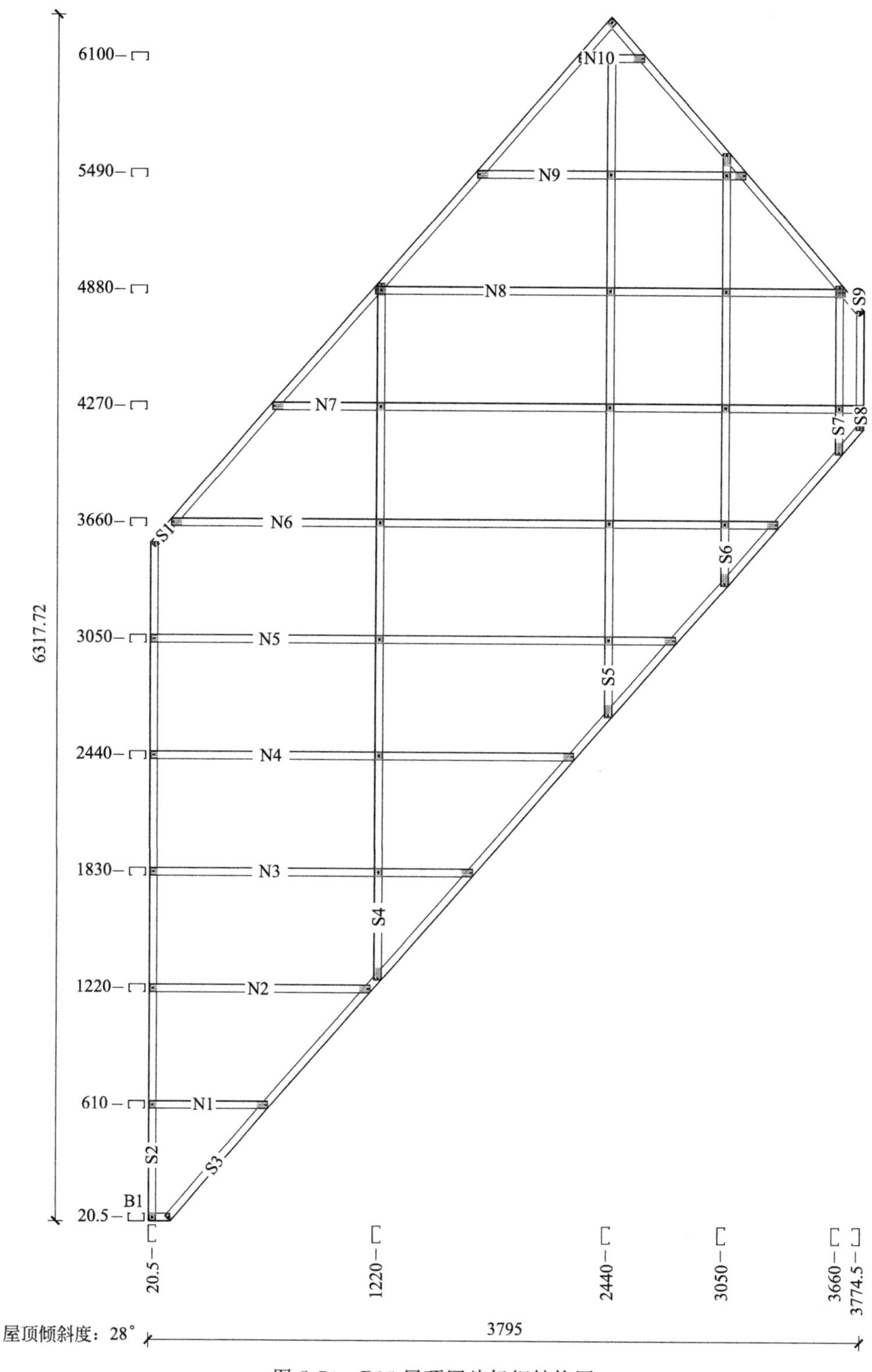


图 5-74　R15 屋顶网片轻钢结构图

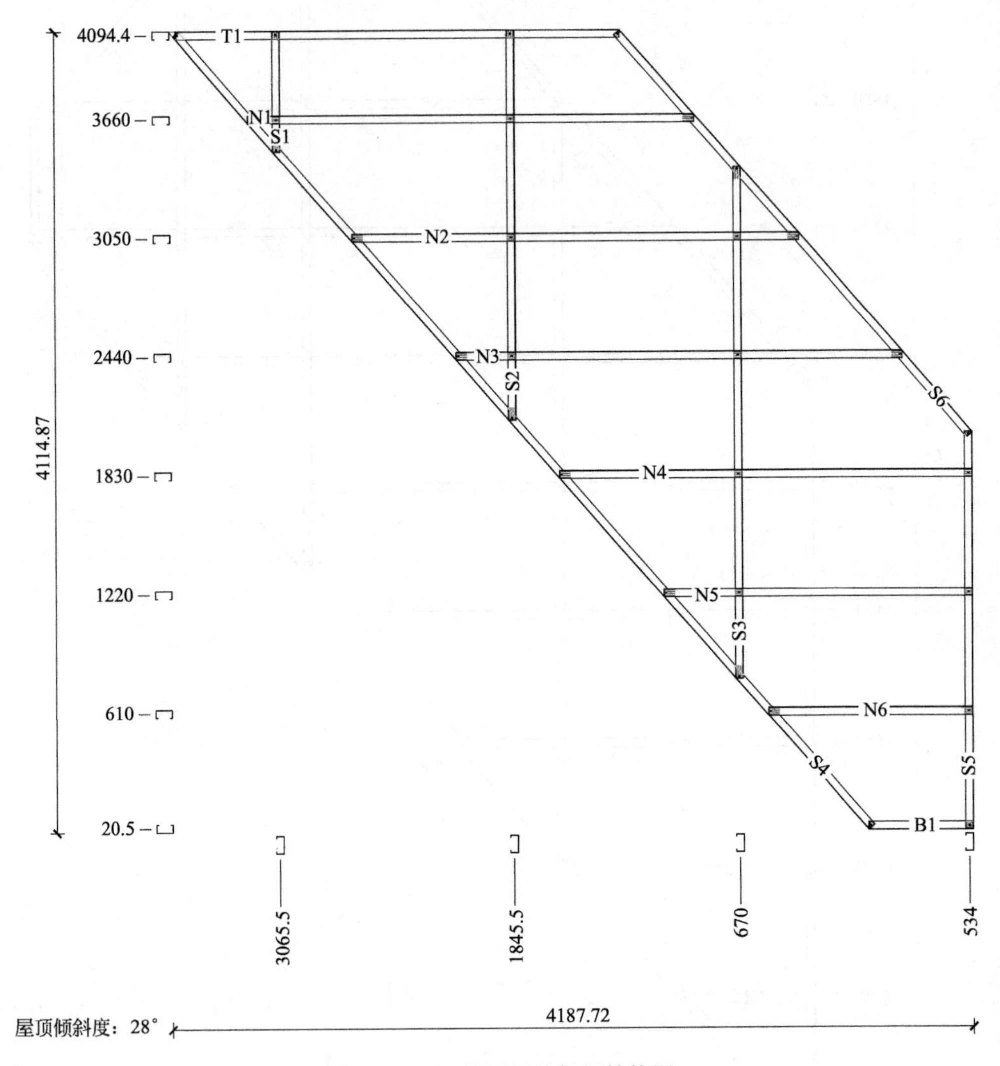


图 5-75　R16 屋顶网片轻钢结构图

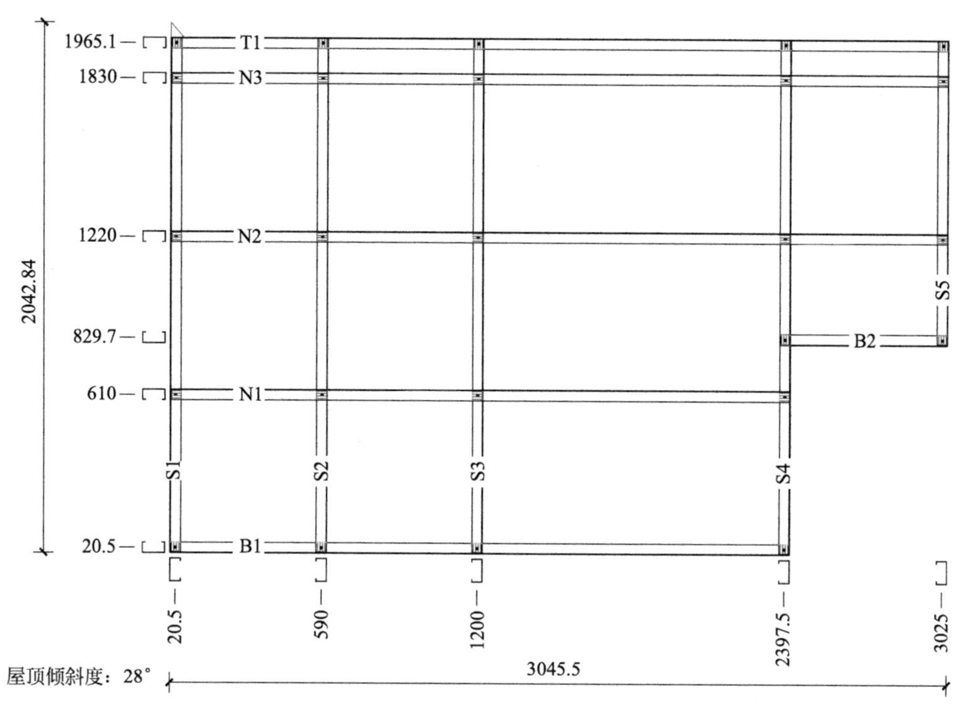


图 5-76　R18 屋顶网片轻钢结构图

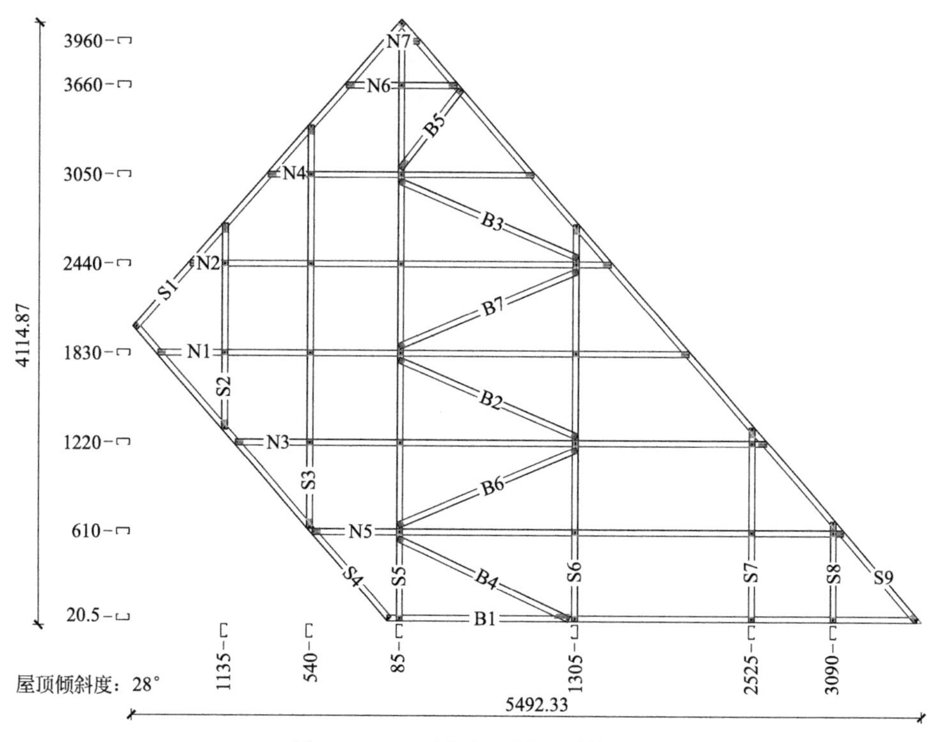


图 5-77　R19 屋顶网片轻钢结构图

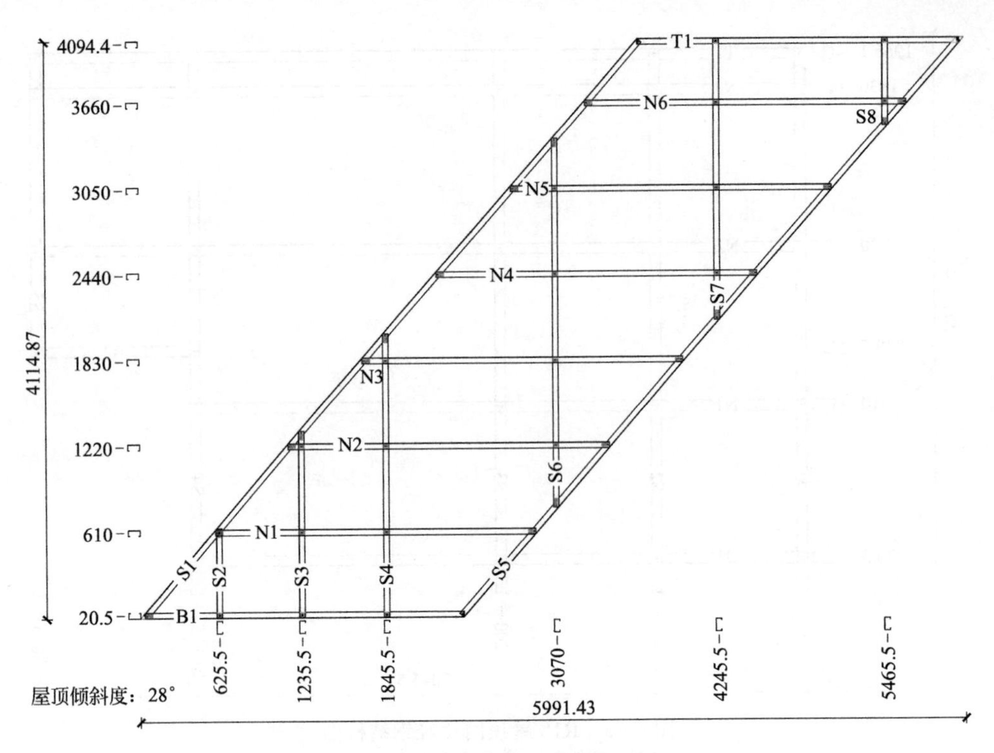


图 5-78 R20 屋顶网片轻钢结构图

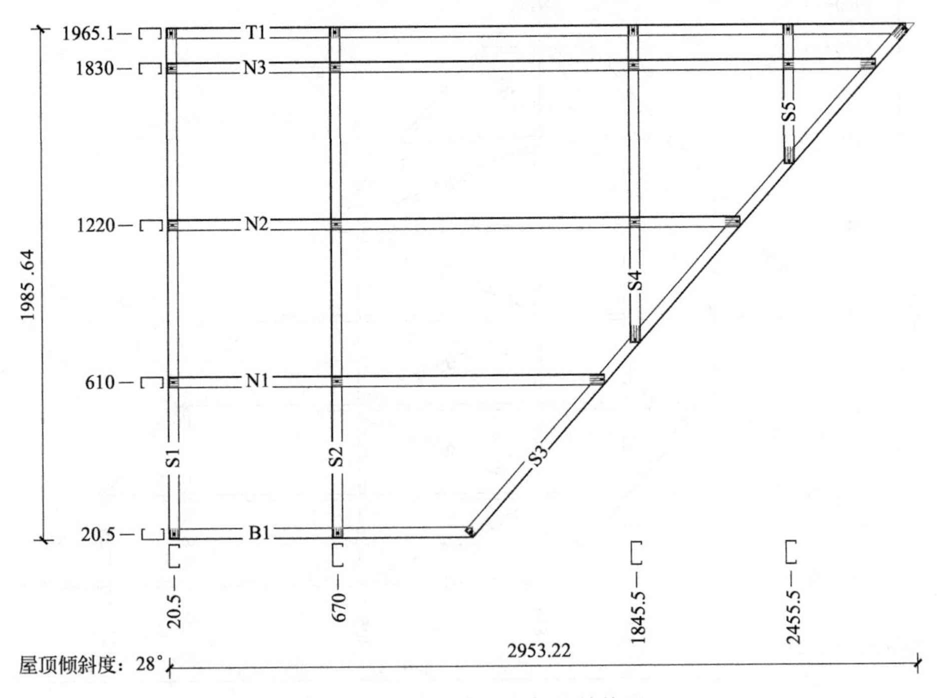


图 5-79 R21 屋顶网片轻钢结构图

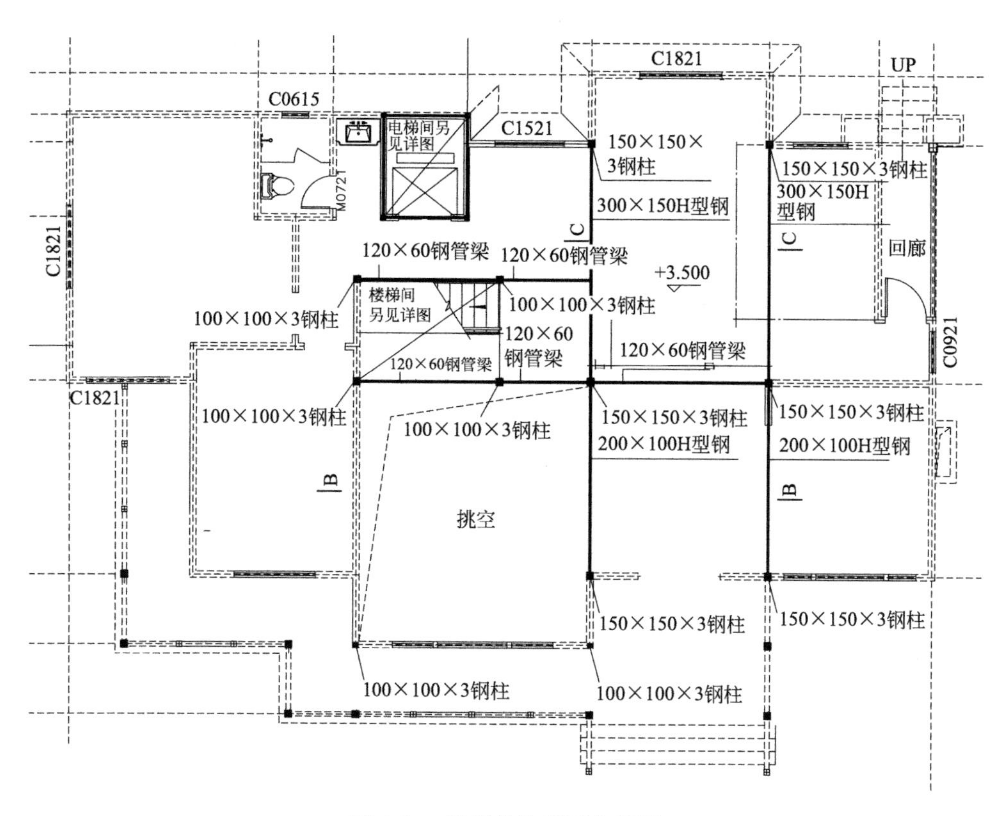


图 5-80　重钢结构平面布置图

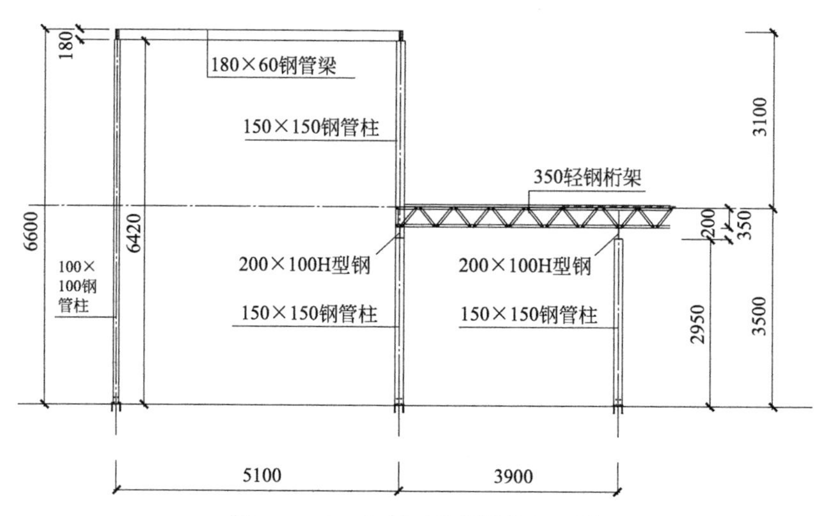


图 5-81　B—B剖面重钢结构立面图

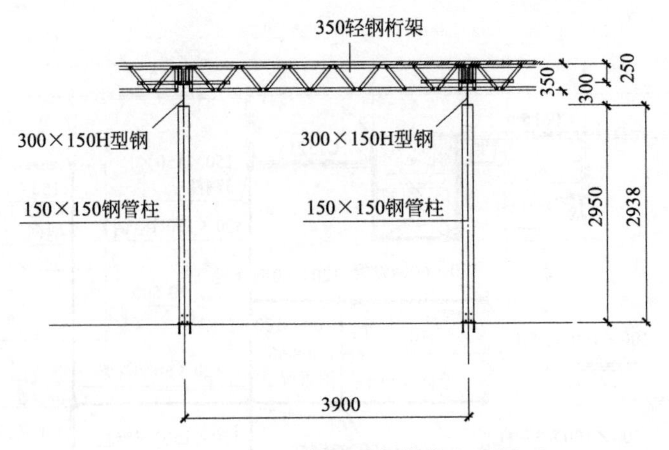


图 5-82 C—C 剖面重钢结构立面图

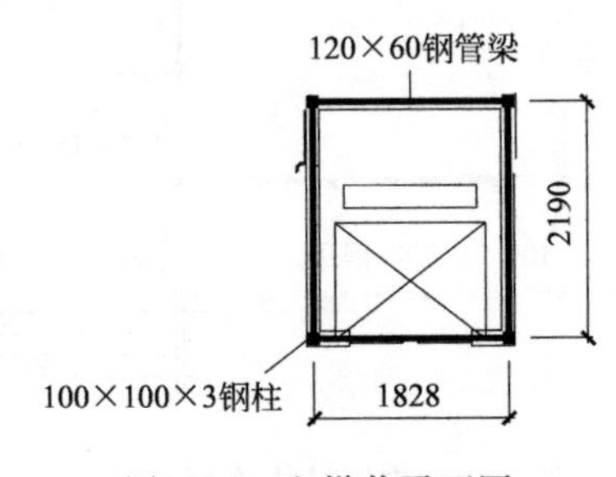


图 5-83 电梯井平面图

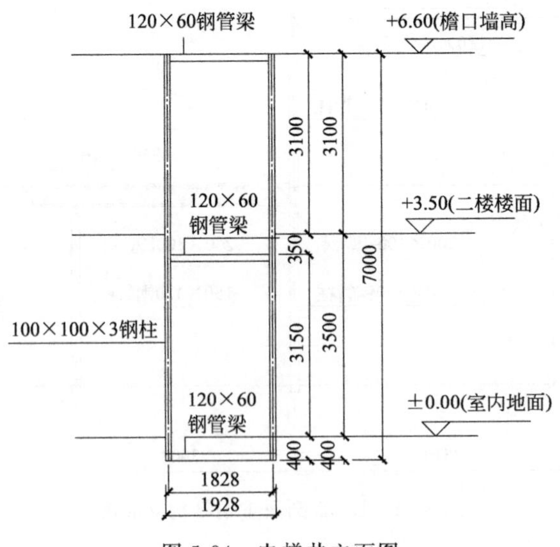


图 5-84 电梯井立面图

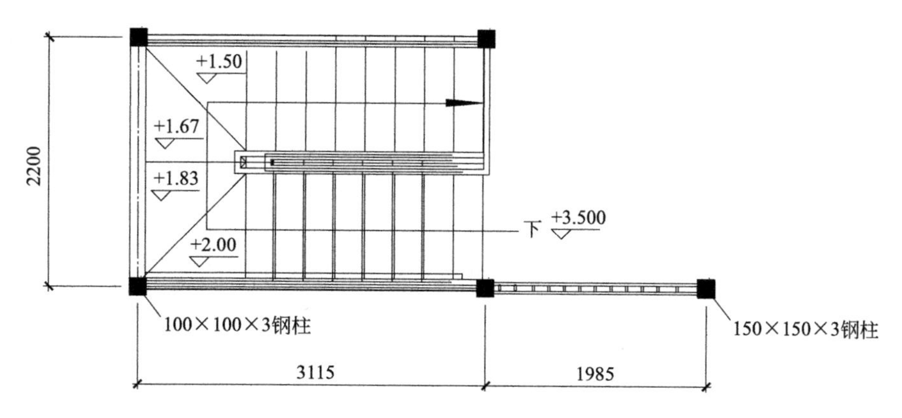


图 5-85　重钢步梯平面图

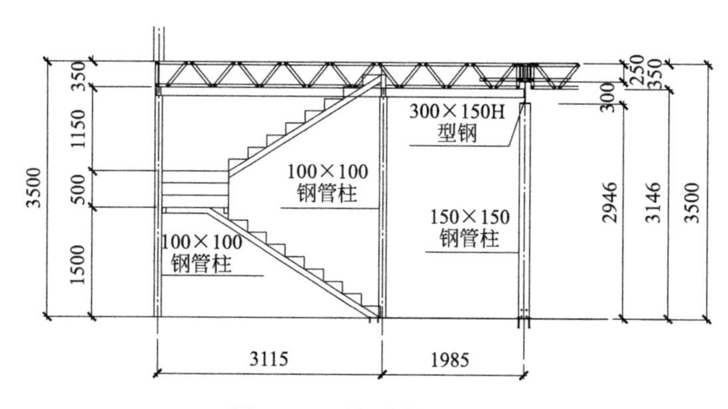


图 5-86　重钢步梯立面图

## 5.4　生产制造

设计部门制定该项目详细的材料清单，包括所需材料和配件的种类、规格、颜色、数量等，下发到采购部和生产部。生产部门确定哪些材料和配件由公司生产，其余材料则由采购部购买。本项目中由“圣洛迪”公司生产的材料为室内木塑墙板、木塑吊顶板、室外木塑墙板、木塑铺板、木塑廊架、木塑围栏、所有轻钢材料和重钢材料。

采购部门购买在公司生产产品的原材料，主要为塑料、木粉、各种添加剂、轻钢卷材、重钢管材等。木塑材料和钢材的生产制造在本书的 3.3.1 节中进行了详细介绍，在此不做赘述。当生产制造完毕及其他各种材料配件已采购到厂后，通知客户支付尾款，待公司财务收到尾款后，由生产部门安排发货。

## 5.5 项目施工

房屋的基础施工需要一定时间，因此在材料进场前，施工单位或个人应完成基础施工。本项目一楼的轻钢墙体均为承重墙，因此墙下基础需连续设置，采用条形基础（图 5-87、图 5-88），从而能将墙体和柱子的荷载侧向扩展到土中，满足地基承载力和变形要求。基础垫层采用碎石，混凝土标号 C25，采用直径 6mm、间距为 200mm 的钢筋网片。本项目的轻钢房屋施工可参照本书第 4 章相关内容。

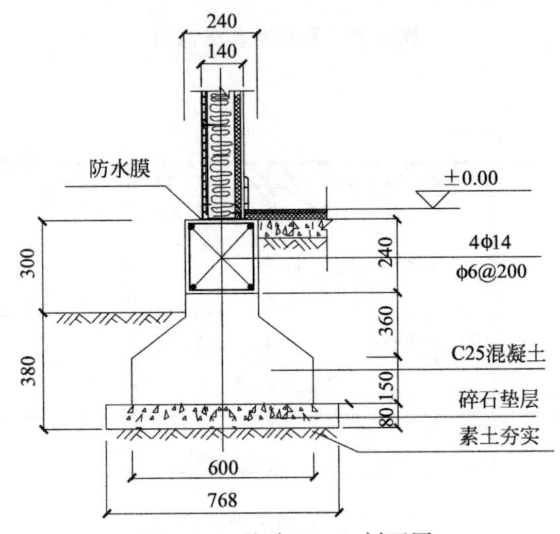

图 5-87　基础 A—A 剖面图

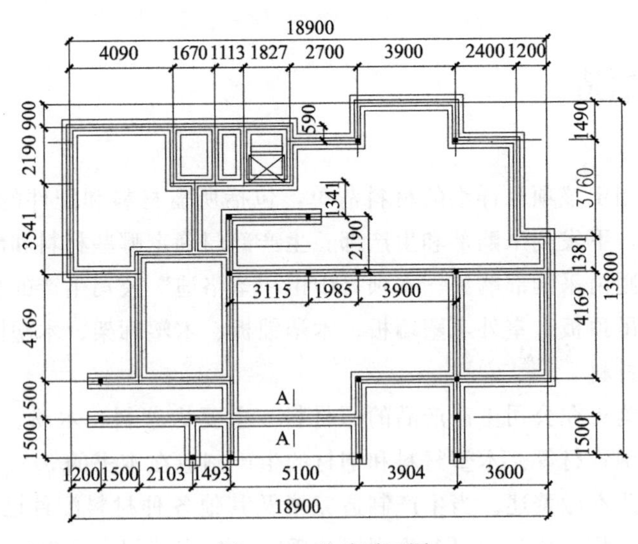

图 5-88　基础平面图

## 5.6 质量验收

轻钢房屋的质量验收主要分为两类，即材料验收和现场安装质量验收。当材料通过物流运到工地现场后，业主需要按照随车的材料清单核对材料是否齐全、规格数量是否无误、包装是否破损、部分产品是否有质量检测报告等。若发现相关质量问题时，则拍照发给销售人员，企业核实后将安排补货事宜。

农村轻钢房屋由于在中国发展时间不长，相关标准不够完善。目前主要有两个行业标准：《低层冷弯薄壁型钢房屋建筑技术规程》（JGJ 227—2011）和《冷弯薄壁型钢多层住宅技术标准》（JGJ/T 421—2018），这两个标准主要侧重于房屋材料指标和结构设计，而房屋验收的内容则相对较少。轻钢房屋的现场安装质量验收标准一般由企业制定，各分项工程的施工验收标准可参照本书第四章节相关内容，本节不做赘述。

## 5.7 实景图

图 5-89～图 5-97 所示是本项目轻钢样板房的实景图。

图 5-89　轻钢房屋外部整体图

图 5-90　一楼客厅

图 5-91　步梯

图 5-92　二楼客厅

图 5-93　二楼儿童房

图 5-94　二楼书房

图 5-95　二楼主卧

图 5-96　二楼主卫

图 5-97　二楼露台

# 参考文献


［1］ 郭学明. 装配式建筑概论［M］. 北京：机械工业出版社，2019.

［2］ 陈绍蕃，顾强. 钢结构（上册）——钢结构基础［M］. 第四版. 北京：中国建筑工业出版社，2018.

［3］ 王志成. 美国装配式建筑产业发展趋势（上）［J］. 中国建筑金属结构，2017（9）：24-31.

［4］ 张辛，郭明佳，张庆阳. 国外建筑产业化探索之二美国住宅产业化经验谈［J］. 建筑，2018（5）：54-57.

［5］ Paul Jones. 澳洲的钢结构住宅［J］. 百年建筑，2003（7）：54-55.

［6］ 东乡武，岩崎琳. 日本低层工业化住宅的历史与现状［J］. 建筑钢结构进展，2012，14（6）：1-7.

［7］ 杨迪钢. 日本装配式住宅产业化发展的经验与启示［J］. 新建筑，2017（2）：32-36.

［8］ 王志成，帕特里克·麦卡伦，约翰·凯·史密斯，等. 美国钢结构建筑体系与技术动向［J］. 住宅与房地产，2019（32）：60-64.

［9］ 童悦仲，刘美霞. 澳大利亚冷弯薄壁轻钢结构体系［J］. 住宅产业，2005（6）：89-90.

［10］ 刘敬疆. 薄壁轻钢住宅建筑体系在国外的应用［N］. 现代物流报，2013-12-15（C03）.

［11］ 潘翔. 钢结构装配住宅——墙板体系及相关技术研究［D］. 上海：同济大学，2006.

［12］ 北京市保障性住房建设投资中心，北京和能人居科技有限公司. 图解装配式装修设计与施工［M］. 北京：化学工业出版社，2019.

［13］ GB 50018—2002. 冷弯薄壁型钢结构技术规范.

［14］ JGJ 227—2011. 低层冷弯薄壁型钢房屋建筑技术规范.

［15］ JGJ/T 421—2018. 冷弯薄壁型钢多层住宅技术标准.

［16］ GB/T 11253—2019. 碳素结构钢冷轧薄钢板及钢带.

［17］ GB/T 708—2019. 冷轧钢板和钢带的尺寸、外形、重量及允许偏差.

［18］ GB/T 11981—2008. 建筑用轻钢龙骨.

［19］ LY/T 1580—2010. 定向刨花板.

［20］ JC/T 412.1—2018. 纤维水泥平板 第1部分：无石棉纤维水泥平板.

［21］ GB/T 12755—2008. 建筑用压型钢板.

［22］ GB/T 24508—2009. 木塑地板.

［23］ GB/T 9775—2008. 纸面石膏板.

［24］ JG/T 346—2011. 合成树脂装饰瓦.

［25］ JC/T 2470—2018. 彩石金属瓦.

[26] GB/T 20474—2015. 玻纤胎沥青瓦.
[27] GB/T 25975—2018. 建筑外墙外保温用岩棉制品.
[28] GB/T 17795—2019. 建筑绝热用玻璃棉制品.
[29] GB/T 30595—2014. 挤塑聚苯板（XPS）薄抹灰外墙外保温系统材料.
[30] GB/T 5237—2017. 铝合金建筑型材.
[31] JC 840—1999. 自粘橡胶沥青防水卷材.
[32] GB 50202—2018. 建筑地基基础工程施工质量验收标准规范.
[33] GB/T 30356—2013. 木质楼梯安装、验收和使用规范.